看漫畫學經典

不再死背

趣讀

孫子兵法

劉鶴｜編著　麥芽文化｜繪

《孫子兵法》是一部被譽為「兵學聖典」的軍事著作，是古今軍事將領的必讀書。總結了當時的戰爭經驗，繼承和發展了前人的軍事理論。在戰略上，提出很多傑出的命題，揭示戰爭規律，成為中華傳統文化的重要成分，和世界軍事史上的璀璨瑰寶。《孫子兵法》的作者孫武，是中國春秋末期傑出的軍事理論家，曾幫助吳王闔閭爭霸圖強。

《孫子兵法》雖然僅有五千多字，但內容包羅萬象。原著並不適合低年級的孩子閱讀，但我們都知道閱讀經典越早越好，因為經典對人的影響將持續一生。為此，我們特意精心編排這本漫畫版的《孫子兵法》，用有趣的兵法故事闡明軍事理論及相關的政治、歷史、地理等知識；用幽默風趣的語言、特色鮮明的人物，拉近孩子與經典之間的距離。

讀完這本書，我希望你能回答下列問題：

出兵前該如何預判戰爭的勝負？

開戰前該怎樣提高士氣？

決定戰爭勝負的根本條件是什麼？

還等什麼，快快翻開第一頁，開始尋找答案吧！

目錄

始計篇
得民心者得天下

　　很久以前，商朝有一位非常貪婪殘暴的君主——紂王。在他的統治之下，百姓們很痛苦。於是，不少人逃到諸侯姬昌的領地生活……

跟我一起玩呀！

我得回去帶領百姓種地了。

　　紂王有多昏庸？你看，他整日待在酒池肉林與美女嬉戲享樂，搜括到的金銀財寶堆滿了鹿台。而西伯侯姬昌與他截然不同。姬昌愛民如子，常帶領百姓耕種，甚至還無私地安葬無名屍骨。

紂王玩得過火了！

敢說我壞話，給我抓起來！

　　紂王有多殘暴？你看，他動不動就把人剁成肉泥，還創設了一種酷刑：讓人在燒熱的銅柱上攀爬，掉到炭火中就被燒死。有一次，西伯侯姬昌因紂王的暴行而偷偷嘆氣，便被抓了起來。

　　姬⊥昌⌄的⌄大⌄臣⌄闳⌄天⌄等⌄人⌄，用⌄美⌄女⌄和⌄奇⌄珍⌄異⌄寶⌄去⌄討⌄好⌄紂⌄王⌄，這⌄才⌄把⌄姬⊥昌⌄救⌄了⌄出⌄來⌄。為⌄了⌄讓⌄紂⌄王⌄廢⌄除⌄炮⌄烙⌄之⌄刑⌄，姬⊥昌⌄把⌄洛⌄西⌄之⌄地⌄獻⌄給⌄了⌄他⌄。

　　紂⌄王⌄只⌄喜⌄歡⌄聽⌄好⌄話⌄，偏⌄信⌄奸⌄臣⌄，疏⌄遠⌄忠⌄臣⌄。這⌄下⌄，臣⌄子⌄們⌄更⌄不⌄敢⌄說⌄話⌄了⌄。只⌄有⌄紂⌄王⌄的⌄叔⌄叔⌄比⌄干⌄沒⌄有⌄放⌄棄⌄，冒⌄死⌄進⌄諫⌄。誰⌄知⌄道⌄，紂⌄王⌄竟⌄殘⌄忍⌄地⌄把⌄比⌄干⌄的⌄心⌄挖⌄了⌄出⌄來⌄。

　　忠⌄臣⌄箕⌄子⌄親⌄眼⌄見⌄識⌄到⌄了⌄紂⌄王⌄的⌄殘⌄暴⌄，便⌄裝⌄瘋⌄賣⌄傻⌄，穿⌄得⌄破⌄破⌄爛⌄爛⌄地⌄要⌄去⌄當⌄人⌄家⌄的⌄奴⌄隸⌄，伺⌄機⌄逃⌄跑⌄，卻⌄被⌄紂⌄王⌄識⌄破⌄，遭⌄到⌄囚⌄禁⌄。

　　姬ㄐㄧ昌ㄔㄤ統ㄊㄨㄥˇ治ㄓˋ期ㄑㄧˊ間ㄐㄧㄢ，解ㄐㄧㄝˇ決ㄐㄩㄝˊ了ㄌㄜˇ虞ㄩˊ、芮ㄖㄨㄟˋ兩ㄌㄧㄤˇ國ㄍㄨㄛˊ的ㄉㄜˇ爭ㄓㄥ端ㄉㄨㄢ，還ㄏㄞˊ先ㄒㄧㄢ後ㄏㄡˋ攻ㄍㄨㄥ滅ㄇㄧㄝˋ黎ㄌㄧˊ、邗ㄏㄢˊ、崇ㄔㄨㄥˊ等ㄉㄥˇ國ㄍㄨㄛˊ，並ㄅㄧㄥˋ建ㄐㄧㄢˋ豐ㄈㄥ邑ㄧˋ為ㄨㄟˊ國ㄍㄨㄛˊ都ㄉㄨ。

　　姬ㄐㄧ昌ㄔㄤ去ㄑㄩˋ世ㄕˋ後ㄏㄡˋ，太ㄊㄞˋ子ㄗˇ發ㄈㄚ繼ㄐㄧˋ位ㄨㄟˋ，這ㄓㄜˋ就ㄐㄧㄡˋ是ㄕˋ武ㄨˇ王ㄨㄤˊ。武ㄨˇ王ㄨㄤˊ像ㄒㄧㄤˋ姬ㄐㄧ昌ㄔㄤ一ㄧˊ樣ㄧㄤˋ接ㄐㄧㄝ納ㄋㄚˋ難ㄋㄢˋ民ㄇㄧㄣˊ，大ㄉㄚˋ力ㄌㄧˋ發ㄈㄚ展ㄓㄢˇ、生ㄕㄥ產ㄔㄢˇ，周ㄓㄡ部ㄅㄨˋ族ㄗㄨˊ越ㄩㄝˋ來ㄌㄞˊ越ㄩㄝˋ強ㄑㄧㄤˊ大ㄉㄚˋ。很ㄏㄣˇ多ㄉㄨㄛ人ㄖㄣˊ勸ㄑㄩㄢˋ武ㄨˇ王ㄨㄤˊ推ㄊㄨㄟ翻ㄈㄢ紂ㄓㄡˋ王ㄨㄤˊ，但ㄉㄢˋ他ㄊㄚ沒ㄇㄟˊ有ㄧㄡˇ同ㄊㄨㄥˊ意ㄧˋ。武ㄨˇ王ㄨㄤˊ知ㄓ道ㄉㄠˋ，戰ㄓㄢˋ爭ㄓㄥ是ㄕˋ國ㄍㄨㄛˊ家ㄐㄧㄚ大ㄉㄚˋ事ㄕˋ，關ㄍㄨㄢ乎ㄏㄨ國ㄍㄨㄛˊ家ㄐㄧㄚ興ㄒㄧㄥ亡ㄨㄤˊ，絕ㄐㄩㄝˊ不ㄅㄨˋ能ㄋㄥˊ貿ㄇㄠˋ然ㄖㄢˊ行ㄒㄧㄥˊ事ㄕˋ，現ㄒㄧㄢˋ在ㄗㄞˋ時ㄕˊ機ㄐㄧ也ㄧㄝˇ還ㄏㄞˊ未ㄨㄟˋ成ㄔㄥˊ熟ㄕㄡˊ。

　　每天都有很多人逃到周國，有百姓、臣子，也有諸侯。有一天，武王看到人群中有兩個抱著樂器的人。他們正是紂王的太師和少師。

太師、少師大駕光臨，有失遠迎，失禮啦！

我們在紂王身邊是一天都待不下去啦！

周

伐紂，伐紂！

　　照理說，太師是國君最親近的人之一。武王見到紂王最親近的人都已經背叛他，認為這時討伐紂王的勝算很大，便召集各路諸侯，準備討伐紂王。

武ⅹ王ⅹ軍ⅹ隊ⅹ的ⅹ士ⅹ氣ⅹ很ⅹ高ⅹ，作ⅹ戰ⅹ勇ⅹ猛ⅹ，打ⅹ得ⅹ商ⅹ兵ⅹ丟ⅹ盔ⅹ棄ⅹ甲ⅹ。武ⅹ王ⅹ節ⅹ節ⅹ勝ⅹ利ⅹ！

武ⅹ王ⅹ每ⅹ到ⅹ一ⅹ處ⅹ，百ⅹ姓ⅹ都ⅹ夾ⅹ道ⅹ歡ⅹ迎ⅹ。他ⅹ們ⅹ早ⅹ就ⅹ受ⅹ夠ⅹ了ⅹ紂ⅹ王ⅹ的ⅹ殘ⅹ暴ⅹ統ⅹ治ⅹ。看ⅹ來ⅹ，武ⅹ王ⅹ選ⅹ擇ⅹ的ⅹ伐ⅹ紂ⅹ時ⅹ機ⅹ非ⅹ常ⅹ得ⅹ當ⅹ。這ⅹ為ⅹ他ⅹ取ⅹ得ⅹ的ⅹ最ⅹ後ⅹ勝ⅹ利ⅹ，奠ⅹ定ⅹ了ⅹ基ⅹ礎ⅹ。

武ⅹ王ⅹ很ⅹ快ⅹ就ⅹ打ⅹ到ⅹ紂ⅹ王ⅹ的ⅹ老ⅹ巢ⅹ。兵ⅹ臨ⅹ城ⅹ下ⅹ，紂ⅹ王ⅹ跑ⅹ回ⅹ王ⅹ宮ⅹ，命ⅹ人ⅹ將ⅹ宮ⅹ裡ⅹ的ⅹ珠ⅹ寶ⅹ搬ⅹ到ⅹ鹿ⅹ台ⅹ，自ⅹ己ⅹ也ⅹ登ⅹ上ⅹ鹿ⅹ台ⅹ，引ⅹ火ⅹ自ⅹ焚ⅹ。

武王取得勝利後，表彰了一批能人賢士、修繕了比干的墳墓、釋放了被囚的箕子。他還善待紂王的兒子武庚，不僅沒有殺了他，還將他封為諸侯，只不過在他的封地周邊，設置了三個封國監視他。就這樣，周武王取得民心，得到了天下。

讀故事·學兵法

武王得民心，占了道（人和）；武王懂得戰爭的時機，占了天時；行軍打仗要想勝利，離不開地利（對地形的了解）；武王像文王一樣，都是好君主，占了將明；武王賞罰分明，占了法清。擁有這些要素的武王，能戰勝紂王是必然的。

孫子說

兵者，國之大事，死生之地，存亡之道，不可不察也。
戰爭是國家的大事，地形上的死地、生地，戰場上的存亡勝敗，是不能不仔細考量的。

用戰也貴勝

唐朝滅亡後，朱溫建立了後梁，最先占領中原地區。後梁內亂不止，日漸沒落，最後被後唐取代。

李存勗一直沒有忘記父親的遺志，他建立了後唐，不斷擴充自己的領地。此刻他的對手是有著「王鐵槍」之稱的後梁猛將王彥章。

王彥章作戰勇猛，對戰數場，李存勗沒占到半點便宜。這次，李存勗決定背水一戰，出動士兵從四面八方包圍王彥章的軍隊。王彥章只好以退為進。

撤退途中，王彥章遇到後唐將領李嗣源。王彥章邊打邊退，但終因寡不敵眾，被李嗣源生擒。

李存勖想勸降他，但沒有成功，後將其斬首。

雖然王彥章沒有投降，但絲毫不影響李存勖的心情，畢竟打了一場大勝仗。他高興地設下慶功宴，全體將領喝酒狂歡。李存勖特意敬大將李嗣源一杯酒，李嗣源提出立即出兵滅後梁的建議。

後唐朝廷中，對於何時攻打後梁爭論不休。有的大臣認為應從長計議，有的認為應趁熱打鐵。

這時，李嗣源發表意見，建議越過段凝，直接攻打後梁國都，抓住國主朱友貞。李存勖對這個建議大加讚賞，同意出兵。

李嗣源的大軍不斷進攻，將士們雖然興奮，但也很疲憊，喊著要休息。但李嗣源沒有同意，依舊鼓勵大家繼續前進。

朱ㄓㄨ友ㄧㄡˇ貞ㄓㄣ和ㄏㄜˊ大ㄉㄚˋ臣ㄔㄣˊ們ㄇㄣ˙無ㄨˊ計ㄐㄧˋ可ㄎㄜˇ施ㄕ，抱ㄅㄠˋ頭ㄊㄡˊ大ㄉㄚˋ哭ㄎㄨ。

朱ㄓㄨ友ㄧㄡˇ貞ㄓㄣ派ㄆㄞˋ張ㄓㄤ漢ㄏㄢˋ倫ㄌㄨㄣˊ去ㄑㄩˋ找ㄓㄠˇ段ㄉㄨㄢˋ凝ㄋㄧㄥˊ回ㄏㄨㄟˊ來ㄌㄞˊ護ㄏㄨˋ城ㄔㄥˊ。張ㄓㄤ漢ㄏㄢˋ倫ㄌㄨㄣˊ日ㄖˋ夜ㄧㄝˋ趕ㄍㄢˇ路ㄌㄨˋ，來ㄌㄞˊ到ㄉㄠˋ黃ㄏㄨㄤˊ河ㄏㄜˊ邊ㄅㄧㄢ。此ㄘˇ時ㄕˊ，正ㄓㄥˋ趕ㄍㄢˇ上ㄕㄤˋ黃ㄏㄨㄤˊ河ㄏㄜˊ漲ㄓㄤˇ潮ㄔㄠˊ，心ㄒㄧㄣ急ㄐㄧˊ如ㄖㄨˊ焚ㄈㄣˊ的ㄉㄜ˙張ㄓㄤ漢ㄏㄢˋ倫ㄌㄨㄣˊ被ㄅㄟˋ擋ㄉㄤˇ住ㄓㄨˋ了ㄌㄜ˙去ㄑㄩˋ路ㄌㄨˋ。

朱ㄓㄨ友ㄧㄡˇ貞ㄓㄣ將ㄐㄧㄤ全ㄑㄩㄢˊ部ㄅㄨˋ士ㄕˋ兵ㄅㄧㄥ派ㄆㄞˋ上ㄕㄤˋ戰ㄓㄢˋ場ㄔㄤˇ，都ㄉㄡ城ㄔㄥˊ沒ㄇㄟˊ有ㄧㄡˇ士ㄕˋ兵ㄅㄧㄥ把ㄅㄚˇ守ㄕㄡˇ。後ㄏㄡˋ梁ㄌㄧㄤˊ官ㄍㄨㄢ員ㄩㄢˊ王ㄨㄤˊ瓚ㄗㄢ無ㄨˊ奈ㄋㄞˋ之ㄓ下ㄒㄧㄚˋ，抓ㄓㄨㄚ老ㄌㄠˇ百ㄅㄞˇ姓ㄒㄧㄥˋ來ㄌㄞˊ守ㄕㄡˇ城ㄔㄥˊ。

朱ㄓㄨ友ㄧㄡˇ貞ㄓㄣ找ㄓㄠˇ來ㄌㄞˊ親ㄑㄧㄣ信ㄒㄧㄣˋ，給ㄍㄟˇ他ㄊㄚ一ㄧˋ筆ㄅㄧˇ錢ㄑㄧㄢˊ，再ㄗㄞˋ扮ㄅㄢˋ成ㄔㄥˊ平ㄆㄧㄥˊ民ㄇㄧㄣˊ出ㄔㄨ城ㄔㄥˊ搬ㄅㄢ救ㄐㄧㄡˋ兵ㄅㄧㄥ。誰ㄕㄟˊ知ㄓ道ㄉㄠˋ親ㄑㄧㄣ信ㄒㄧㄣˋ帶ㄉㄞˋ上ㄕㄤˋ錢ㄑㄧㄢˊ跑ㄆㄠˇ得ㄉㄜˊ無ㄨˊ影ㄧㄥˇ無ㄨˊ蹤ㄗㄨㄥ，可ㄎㄜˇ憐ㄌㄧㄢˊ的朱ㄓㄨ友ㄧㄡˇ貞ㄓㄣ還ㄏㄞˊ滿ㄇㄢˇ懷ㄏㄨㄞˊ希ㄒㄧ望ㄨㄤˋ整ㄓㄥˇ日ㄖˋ站ㄓㄢˋ在ㄗㄞˋ城ㄔㄥˊ頭ㄊㄡˊ等ㄉㄥˇ消ㄒㄧㄠ息ㄒㄧ。

援ㄩㄢˊ軍ㄐㄩㄣ遲ㄔˊ遲ㄔˊ不ㄅㄨˋ來ㄌㄞˊ，朱ㄓㄨ友ㄧㄡˇ貞ㄓㄣ心ㄒㄧㄣ灰ㄏㄨㄟ意ㄧˋ冷ㄌㄥˇ，命ㄇㄧㄥˋ部ㄅㄨˋ下ㄒㄧㄚˋ皇ㄏㄨㄤˊ甫ㄈㄨˇ麟ㄌㄧㄣˊ殺ㄕㄚ了ㄌㄜ自ㄗˋ己ㄐㄧˇ。皇ㄏㄨㄤˊ甫ㄈㄨˇ麟ㄌㄧㄣˊ奉ㄈㄥˋ命ㄇㄧㄥˋ殺ㄕㄚ了ㄌㄜ朱ㄓㄨ友ㄧㄡˇ貞ㄓㄣ後ㄏㄡˋ也ㄧㄝˇ自ㄗˋ殺ㄕㄚ。就ㄐㄧㄡˋ這ㄓㄜˋ樣ㄧㄤˋ，李ㄌㄧˇ存ㄘㄨㄣˊ勗ㄒㄩˋ占ㄓㄢˋ領ㄌㄧㄥˇ後ㄏㄡˋ梁ㄌㄧㄤˊ都ㄉㄨ城ㄔㄥˊ，後ㄏㄡˋ梁ㄌㄧㄤˊ滅ㄇㄧㄝˋ亡ㄨㄤˊ。

後ㄏㄡˋ梁ㄌㄧㄤˊ將ㄐㄧㄤˋ領ㄌㄧㄥˇ段ㄉㄨㄢˋ凝ㄋㄧㄥˊ終ㄓㄨㄥ於ㄩˊ得ㄉㄜˊ到ㄉㄠˋ了ㄌㄜ救ㄐㄧㄡˋ駕ㄐㄧㄚˋ的命ㄇㄧㄥˋ令ㄌㄧㄥˋ，可ㄎㄜˇ為ㄨㄟˋ時ㄕˊ已ㄧˇ晚ㄨㄢˇ。後ㄏㄡˋ唐ㄊㄤˊ派ㄆㄞˋ人ㄖㄣˊ前ㄑㄧㄢˊ來ㄌㄞˊ勸ㄑㄩㄢˋ降ㄒㄧㄤˊ，段ㄉㄨㄢˋ凝ㄋㄧㄥˊ沒ㄇㄟˊ做ㄗㄨㄛˋ任ㄖㄣˋ何ㄏㄜˊ抵ㄉㄧˇ抗ㄎㄤˋ就ㄐㄧㄡˋ投ㄊㄡˊ降ㄒㄧㄤˊ了ㄌㄜ。

李存勗戰勝了世仇後梁，後唐之所以能夠取得勝利，兵貴神速。

成為中原的新主人。關鍵在於李嗣源懂得

讀故事‧學兵法

李嗣源看到打敗後梁的機會，並快速行動。後梁沒有任何防備，來不及調兵遣將，只能眼睜睜看著敵人攻進城池

孫子說

其用戰也，貴勝，久則鈍兵挫銳，攻城則力屈，久暴師則國用不足。

用兵作戰要求速勝，時間久了部隊會疲憊，士氣會受挫，攻城會感到氣力衰竭。如果長期讓軍隊在外作戰，那麼國家的財政就會緊縮。

作戰篇
深諳兵法的將軍

安史之亂以後，唐朝的節度使們頻繁作亂。唐憲宗時期，淮西的吳元濟叛亂，唐憲宗派出將軍李愬平叛。這位將軍是如何完成使命的呢？

> 叛軍個個好像鋼鐵人！

> 看到他們我就腿軟

李愬來到駐地，守城將士們被叛軍打怕了，士氣非常低落。

> 將軍，我們什麼時候開戰？

> 別急別急，你們先休息一下！

李愬走在軍營中，假裝看不出將士們愁眉苦臉的樣子，與他們親切交談。

叛軍的探子說新來的將軍整天除了跟士兵們聊天，什麼都不幹，叛軍都很看不起他。

> 哈哈，不過是一個什麼也不懂的菜鳥！

聊聊著聊著著，李恕恕發現將士們不不再那麼害怕叛軍了。在他的鼓勵下，唐軍有了作戰的士氣。李恕與將士們嚴密部署，準備攻取蔡州。

唐將馬少良率領的軍隊，與叛將丁士良的軍隊在野外偶遇，雙方展開激戰。李恕的休養生息政策達到效果，將士們紛紛施展拳腳，十分勇猛。

丁士良被押到李恕面前，他一點也不害怕。李恕很欣賞他的膽量，不僅沒折磨他，還要招他為將。

　　李愬的下一個任務是攻占文城柵據點。這裡是交通要塞，駐紮在這裡的叛將吳秀琳很厲害，李愬進攻了幾次，但都沒有成功。

　　丁士良向李愬獻計，說吳秀琳難攻克，是因為有謀士陳光洽替他出主意，須先抓住陳光洽，以此來逼吳秀琳投降。李愬聽從了丁士良的建議，生擒了陳光洽。

　　沒有陳光洽這名大軍師的協助，吳秀琳很快就抵擋不住進攻，決定投降。李愬派李進誠率兵八千人來到城下，召呼吳秀琳。誰知道等待他們的竟然是密集如雨的箭石。

李愬聽了李進誠的匯報，沒有急著下結論。他來回踱步，思考著吳秀琳為什麼要這麼做。他認為，吳秀琳在等著他親自過去。果然，李愬剛到城下，吳秀琳就一頭伏在李愬的馬前。李愬像對待孩子一樣撫摸著吳秀琳的背脊，好言安慰。

李愬軍中將士們更加振作，他們時時刻刻準備奔赴戰場！李愬對待叛軍十分寬容，不少叛軍紛紛投奔他，他也根據叛軍的情況，一一安置。有的歸降者家中有父母需要照料，他便發給糧食與金錢，讓他們趕緊回家；有的歸降者想要為國效力，他便將他們編入自己的隊伍中。

我要攻取蔡州，誰能擔當此任？

猛將李祐。

這麼多人抓我一個？

跟我們走一趟吧！

　　叛軍投降，李愬都會詢問敵方的軍事部署和兵力分布。他熟讀兵書，懂得知己知彼；他用人不疑，多次向吳秀琳徵求意見。李愬聽從吳秀琳的建議，趁淮西猛將李祐採收麥子時活捉了他。

將軍，他曾經殺了我們很多弟兄！

大敵當前，正是用人之際，先放下從前的恩怨！

嗚……以後我的命就是將軍的！

成功啦！勝利啦！

　　李祐殺了很多唐軍，士兵們對他恨之入骨。但李愬力排眾議，不僅免其一死，還優待他。李祐對李愬萬分感激，誓死效忠。最終，李祐不負所望，成功奪取蔡州。

李靖心思縝密，沉穩老練，富有謀略，精通兵法，成功完成唐憲宗交給他的使命。

讀故事・學兵法

李愬剛上任時，見將士們士氣低落，便不急於出戰，而是想方設法鼓舞士氣。對待投降的將領，他充分信任與尊重，用人不疑；對待投降的士兵，他寬容大度，無論是走是留都給予支持和幫助。李愬的這些做法，使戰爭的勝利成為必然。

孫子說

故殺敵者，怒也……卒善而養之，是謂勝敵而益強……故知兵之將，民之司命，國家安危之主也。

所以，要使士兵拚死殺敵，就必須激起士兵對敵人的憤怒……善待俘虜才能為己所用，這就是所謂戰勝敵人也加強自己……所以，真正懂得用兵之道的將領，是民眾命運的掌控者，也是國家安危的主宰者。

神機妙算諸葛亮

東漢末年，群雄四起。漢室中山王後裔劉備揭竿而起，憑藉著仁德收攬了關羽、張飛等義士。無兵、無錢、無根據地的劉備，是如何從一個「三無」領袖升級為蜀國國君的呢？

曹操挾持漢獻帝劉協，藉天子名義發號施令。正義的劉備對曹操這種小人行為非常不滿，與其決裂也。劉備的實力太弱，常常被曹操打得四處躲避。

曹兵一路追，劉備一路逃。多虧了軍師徐庶設計打敗追兵，劉備才虎口脫險。

曹操聽說後，欣賞徐庶才華，想招為己用，但被徐庶拒絕了。陰險的曹操派人把徐庶的母親綁到曹營。

徐庶是個孝子，得到消息後便決定前往曹營救母。臨行前，徐庶向劉備推薦了諸葛亮。

劉備求賢若渴，第二天就帶上禮物，和關羽、張飛一起去隆中拜訪諸葛亮。幾個人跋山涉水，終於來到了諸葛亮的小茅廬。可惜他們幾人撲了個空，失望而歸。

過幾天，劉備心急如焚第二次拜訪諸葛亮，依舊沒有如願。不過，這次他有了意外收穫———認識了諸葛亮的弟弟，還委託他將一封書信轉交給諸葛亮。這次，劉備滿懷希望而歸。

轉眼新年臨近，劉備第三次拜訪諸葛亮。這一次，諸葛亮終於在家了，只不過還在睡覺。怕打擾先生休息，劉備站在門外等候。不一會兒，天空中飄起了鵝毛大雪。

劉備與諸葛亮在書房中從傍晚聊到深夜。劉備驚訝地發現，生活在閉塞小村莊裡的諸葛亮，竟然對天下大事瞭若指掌，對他佩服得五體投地。

隆中對第一局　　　　　　隆中對第二局　　　　　　隆中對第三局

劉備盛情邀請諸葛亮加入，諸葛亮見劉備是一位仁主，欣然答應。

萬事起頭難，劉備寄居在劉表的荊州。劉備多次向孫權表達合作意願，但孫權卻瞧不起實力薄弱的劉備。沒過多久，劉表病逝了，他的兒子劉琮歸順曹操。劉備狼狽地逃向東吳。

聽說劉備要走了，荊州有許多百姓收拾全部家當要跟隨他去往東吳。而此時孫權面對強大的曹操，正需要盟友。

曹操派五千精兵追殺去往東吳的劉備。劉備等人受困長坂坡，趙雲和張飛等猛將一路廝殺。長坂坡一戰，劉備損失慘重，但主力部隊還在。疲於奔命的劉備等人到了東吳，受到禮遇。

不服氣的曹操親率二十萬大軍順江而下，孫權則派周瑜率領三萬精銳水兵迎戰，兩軍在赤壁對壘。曹操的士兵都是北方人，不適應南方氣候，紛紛生病。最要命的是，不少士兵甚至還暈船。為此，曹操將所有船連在一起。

　　諸葛亮夜觀天象，推斷幾天後會起大風，便心生一計。借助風勢，孫劉的聯合部隊一把火燒了「江上曹營」。曹操倉皇而逃，「赤壁之戰」以少勝多，青史留名。

　　不久，劉備先後取得了荊州和益州，勢力逐漸壯大。每到一處，劉備都相當注重與當地百姓的關係，百姓們都很愛戴他。經過多年的不懈努力後，劉備成功地建立了蜀國。

　　劉備團隊靠謀略和外交逐步發展壯大，使蜀國成為可與魏國、吳國對抗的大國，三國鼎立之勢形成。

讀故事‧學兵法

　　諸葛亮足不出戶而知曉天下大事，可謂謀略過人。在他的幫助下，劉備用最短的時間、最少的兵力建立了根據地。同時，他們注重外交策略，主動與孫權建立戰爭同盟，靠謀略與外交政策一步步發展壯大。

孫子說

　　故上兵伐謀，其次伐交，其次伐兵，其下攻城……故兵不頓而利可全，此謀攻之法也。

　　所以軍事最上等的戰略是靠謀略取勝，其次是外交，再來是出兵，最差的才是暴力攻城……所以不損耗兵力就能取勝的辦法，才是最明智的謀略。

倭寇，你們被包圍啦

明朝時期，日本海盜騷擾百姓，大家稱他們為「倭寇」。為了打敗倭寇，明朝的軍民們展開了一系列抗爭……

明朝嘉靖年間，倭寇三番兩次騷擾興化城的百姓。百姓與軍隊合作很有默契，倭寇久攻不下。正面衝突沒占到便宜，倭寇就想到一計陰招。他們喬裝成明朝軍人，午夜時分去敲城門。守城的明軍有些累，竟被他們騙了，打開了城門。倭寇一入城便大開殺戒。

傳信兵八百里加急，帶來了興化一夜淪陷的消息。朝野上下一片駭然，嘉靖帝大為震怒，派出戚繼光、俞大猷、譚綸、劉顯等幾位大將前去抗倭。

33

聽說大批明軍要來攻城，倭寇並不害怕。他們搶走了百姓的錢，把亂糟糟的興化城留給明軍，然後大搖大擺地走了。

事實上，倭寇並未走遠。他們將六千兵馬分為兩路，一路返回許家村，一路來到了平海衛。平海衛是連接興化城和許家村的一個小島。

譚綸率領的明軍探得倭寇就在平海衛，祕密包圍那裡。他們一邊緊緊盯著倭寇的一舉一動，一邊等著大將戚繼光的到來。

　　戚繼光治軍有方，威名遠揚。攻打倭寇、招兵買馬的消息一發，百姓們紛紛應徵。要知道，能加入戚家軍那是相當足以自豪的事情。兵馬一齊備，戚繼光帶著大軍一路向平海衛行進。

　　他們的使命是全殲倭寇。戚繼光、俞大猷、譚綸三路大軍會師於興化東亭。

　　三軍會師後第二天，譚綸召集各路將領研究進攻方案，戚繼光提出分進合擊策略，以戚家軍為主攻，得到諸將認同。

　　譚綸根據平海衛三面環海，易守難攻的特點，在各海道上環立柵欄阻斷倭寇歸路，然後以戚繼光為先鋒，劉顯為左軍，從陸路進攻；俞大猷為右軍，率水師從海上進攻，譚綸自領中軍，隨後跟進。

　　制定好戰略之後，戚繼光帶領三千兵馬出發。他派出騎兵衝鋒，步兵緊隨其後，與倭寇全面開戰。正當雙方打得難分勝負，左右兩側衝出俞大猷和劉顯的大批人馬。倭寇被緊緊包圍，損失慘重，殘兵撤退至許家村。

戚繼光一鼓作氣，乘勝追擊，帶兵來到了許家村。俞大猷和劉顯帶軍緊隨其後。於是三軍借助風勢，採取放火燒村的方法，不到五個小時就將倭寇全部殲滅，還救出被俘虜的百姓。此後，倭寇再也不敢在這裡撒野，百姓們臉上露出了燦爛的笑容。

讀故事・學兵法

　　抗倭之戰中，明軍將領深諳用兵之道，先後用正面交戰、兩翼包抄和火攻的方式，快速有效地打擊敵人，保衛國家。

孫子說

　　故用兵之法，十則圍之，五則攻之，倍則分之，敵則能戰之，少則能守之，不若則能避之。故小敵之堅，大敵之擒也。

　　所以用兵是要講究方法的。當我方兵力是敵軍的十倍時，則只需包圍敵人，等待對方投降即可；當我方兵力是敵軍的五倍時，則可以發動進攻；當我方兵力是敵軍兩倍時，則可以分頭行動。反之，當敵軍人數多於我方時，則要想方設法擺脫敵人。如果各種條件都不如敵人，則要避免作戰。所以，弱小的軍隊堅持硬拚，就會被強大的敵人俘虜。

以守為攻

戰國時期，匈奴趁中原群雄混戰之時作亂。其中，趙國邊境上的匈奴最猖狂。趙國派將軍李牧到邊疆抵抗。李牧能完成保家衛國的使命，趕走匈奴嗎？

> 是！

> 你們是守衛，你們是情報人員，你們是先鋒……

李李牧牧來來到到邊邊境境，沒沒有有急急著著與與匈匈奴奴開開戰戰。他他從從邊邊境境將將士士們們日日常常起起居居的的微微小小細細節節中中，看看出出目目前前趙趙軍軍不不足足以以應應對對強強悍悍的的匈匈奴奴。李李牧牧下下令令趙趙軍軍防防守守，並並調調整整軍軍隊隊，明明確確規規定定士士兵兵們們的的職職責責。

> 嗚嗚，將軍好嚴格！

> 必須射滿兩百箭！

> 來來來，今天有肉吃！

> 太好了！

分分配配好好大大家家的的具具體體職職責責後後，李李牧牧開開始始練練兵兵。他他治治軍軍嚴嚴格格，不不許許將將士士們們懈懈怠怠。與與此此同同時時，他他也也很很體體恤恤邊邊關關將將士士，會會努努力力改改善善將將士士的的生生活活。只只有有強強健健將將士士的的體體魄魄，才才能能提提高高防防禦禦的的水水準準。

不_{ㄅㄨˊ}練_{ㄌㄧㄢˋ}兵_{ㄅㄧㄥ}的_{ㄉㄜ˙}時_{ㄕˊ}候_{ㄏㄡˋ}，李_{ㄌㄧˇ}牧_{ㄇㄨˋ}讓_{ㄖㄤˋ}將_{ㄐㄧㄤ}士_{ㄕˋ}們_{ㄇㄣ˙}種_{ㄓㄨㄥˋ}植_{ㄓˊ}糧_{ㄌㄧㄤˊ}食_{ㄕˊ}、飼_{ㄙˋ}養_{ㄧㄤˇ}牲_{ㄕㄥ}畜_{ㄔㄨˋ}。他_{ㄊㄚ}認_{ㄖㄣˋ}為_{ㄨㄟˊ}，不_{ㄅㄨˋ}能_{ㄋㄥˊ}僅_{ㄐㄧㄣˇ}僅_{ㄐㄧㄣˇ}依_ㄧ靠_{ㄎㄠˋ}朝_{ㄔㄠˊ}廷_{ㄊㄧㄥˊ}撥_{ㄅㄛ}款_{ㄎㄨㄢˇ}或_{ㄏㄨㄛˋ}剝_{ㄅㄛ}削_{ㄒㄩㄝˋ}百_{ㄅㄞˇ}姓_{ㄒㄧㄥˋ}養_{ㄧㄤˇ}軍_{ㄐㄩㄣ}隊_{ㄉㄨㄟˋ}，自_{ㄗˋ}給_{ㄐㄧˇ}自_{ㄗˋ}足_{ㄗㄨˊ}是_{ㄕˋ}最_{ㄗㄨㄟˋ}好_{ㄏㄠˇ}的_{ㄉㄜ˙}方_{ㄈㄤ}法_{ㄈㄚˇ}。

李_{ㄌㄧˇ}牧_{ㄇㄨˋ}還_{ㄏㄞˊ}廣_{ㄍㄨㄤˇ}築_{ㄓㄨˊ}烽_{ㄈㄥ}火_{ㄏㄨㄛˇ}台_{ㄊㄞˊ}，並_{ㄅㄧㄥˋ}讓_{ㄖㄤˋ}士_{ㄕˋ}兵_{ㄅㄧㄥ}化_{ㄏㄨㄚˋ}裝_{ㄓㄨㄤ}成_{ㄔㄥˊ}牧_{ㄇㄨˋ}民_{ㄇㄧㄣˊ}去_{ㄑㄩˋ}匈_{ㄒㄩㄥ}奴_{ㄋㄨˊ}刺_{ㄘˋ}探_{ㄊㄢˋ}軍_{ㄐㄩㄣ}情_{ㄑㄧㄥˊ}。一_{ㄧˊ}旦_{ㄉㄢˋ}匈_{ㄒㄩㄥ}奴_{ㄋㄨˊ}來_{ㄌㄞˊ}犯_{ㄈㄢˋ}，站_{ㄓㄢˋ}崗_{ㄍㄤˇ}的_{ㄉㄜ˙}士_{ㄕˋ}兵_{ㄅㄧㄥ}迅_{ㄒㄩㄣˋ}速_{ㄙㄨˋ}點_{ㄉㄧㄢˇ}燃_{ㄖㄢˊ}烽_{ㄈㄥ}火_{ㄏㄨㄛˇ}，全_{ㄑㄩㄢˊ}體_{ㄊㄧˇ}官_{ㄍㄨㄢ}兵_{ㄅㄧㄥ}收_{ㄕㄡ}到_{ㄉㄠˋ}戰_{ㄓㄢˋ}鬥_{ㄉㄡˋ}信_{ㄒㄧㄣˋ}號_{ㄏㄠˋ}後_{ㄏㄡˋ}，第_{ㄉㄧˋ}一_ㄧ時_{ㄕˊ}間_{ㄐㄧㄢ}應_{ㄧㄥ}對_{ㄉㄨㄟˋ}。

匈ㄒㄩㄥ奴ㄋㄨ˙每ㄇㄟˇ次ㄘ˙來ㄌㄞˊ犯ㄈㄢˋ，將ㄐㄧㄤ士ㄕˋ們ㄇㄣ˙都ㄉㄡ想ㄒㄧㄤˇ要ㄧㄠˋ迎ㄧㄥˊ戰ㄓㄢˋ，可ㄎㄜˇ是ㄕˋ將ㄐㄧㄤ軍ㄐㄩㄣ李ㄌㄧˇ牧ㄇㄨˋ卻ㄑㄩㄝˋ要ㄧㄠˋ求ㄑㄧㄡˊ大ㄉㄚˋ家ㄐㄧㄚ「只ㄓˇ防ㄈㄤˊ不ㄅㄨˊ戰ㄓㄢˋ」。

李ㄌㄧˇ牧ㄇㄨˋ只ㄓˇ防ㄈㄤˊ不ㄅㄨˊ戰ㄓㄢˋ讓ㄖㄤˋ將ㄐㄧㄤ士ㄕˋ們ㄇㄣ˙十ㄕˊ分ㄈㄣ不ㄅㄨˋ解ㄐㄧㄝˇ。匈ㄒㄩㄥ奴ㄋㄨˊ軍ㄐㄩㄣ認ㄖㄣˋ為ㄨㄟˊ李ㄌㄧˇ牧ㄇㄨˋ膽ㄉㄢˇ小ㄒㄧㄠˇ，都ㄉㄡ很ㄏㄣˇ看ㄎㄢˋ不ㄅㄨˋ起ㄑㄧˇ他ㄊㄚ。趙ㄓㄠˋ王ㄨㄤˊ聽ㄊㄧㄥ說ㄕㄨㄛ後ㄏㄡˋ也ㄧㄝˇ非ㄈㄟ常ㄔㄤˊ生ㄕㄥ氣ㄑㄧˋ，下ㄒㄧㄚˋ令ㄌㄧㄥˋ撤ㄔㄜˋ換ㄏㄨㄢˋ李ㄌㄧˇ牧ㄇㄨˋ。

新上任的將軍害怕自己會像李牧一樣被撤職，所以匈奴一侵犯，他立即應戰。誰知道，趙軍從沒打贏過，不僅將士們挨打，連東西也被匈奴搶光了。

由於戰事頻繁，士兵們沒有時間種田，軍糧漸漸不足，將士們常常餓肚子，怨聲載道。這該怎麼辦？趙王只好又找來李牧想辦法。

可惡，不見人，也不見牲畜！又要空手而歸了！

匈奴兵走啦，我們的牲口保住啦！

匈奴兵走啦，我們的棉衣保住啦！

李牧回到軍營，依然以守為攻，加強練兵。匈奴兵一來，李牧就帶著將士們打「游擊戰」。匈奴兵搶不到東西，也打不到士兵，只好無奈地收兵。

將軍，我們現在跟匈奴人一樣強壯了！

將軍，我們現在跟匈奴人一樣勇猛了！

決一死戰的時刻到了！

在此期間，將士們因為休息充足、營養豐富，身體逐漸強壯起來，個個精神飽滿。李牧看著士氣高昂的將士們，認為和匈奴決一死戰的時機到了。

立下戰功者，必有重賞！

我們一定不負眾望！

李牧備好了戰車、戰馬、弓箭、刀槍等軍備物資，帶領士兵們演習，給士兵們加油。

好多牛羊啊！兄弟們一起去搶啊！

決戰的那天，李牧故意讓百姓出城放牧。成群結隊的牛羊立刻引起匈奴的覬覦。匈奴兵向來瞧不起李牧，便直奔牛羊而去。

打不過你們，我跑！

膽小鬼，哪裡跑！

萬箭齊發！

李牧假意與匈奴打了幾個回合後，佯裝逃跑。匈奴兵緊追不捨，沒多久就跑進李牧所設計的圈套。就這樣，匈奴十萬大軍被趙軍擊敗，李牧一戰成名，匈奴兵不敢再來！

讀故事・學兵法

事實證明，李牧「以守為攻」的戰略是正確的。在趙軍實力薄弱時，與匈奴硬碰硬，只會導致失敗。養精蓄銳，靜待時機，方能取得勝利，最終贏得邊境數年和平。

孫子說

不可勝者，守也；可勝者，攻也。守則不足，攻則有餘。

如果無法戰勝敵人，那就防守；如果能夠戰勝敵人，那就進攻。防守是因為自身力量比敵人弱小，進攻是因為自身力量比敵人強大。

戰爭可不是鬧著玩的

明英宗時期，北方的游牧民族瓦剌勢力越來越強，不斷在邊境作亂，百姓們不堪其擾……

明英宗朱祁鎮因年幼繼位十分貪玩，朝政大權實際上掌握在宦官王振手中。王振隻手遮天，非常貪婪。他結黨營私，肆意賣官，貪贓枉法，陷害忠良，可謂無惡不作。

得知瓦剌大軍壓境，明英宗心急如焚。不過，他著急歸著急，腦子裡卻沒有什麼好辦法。他習慣性地找王振商量。王振只會把朝廷攪和得烏煙瘴氣，哪有什麼好主意。

王ᵉ振ᵉ表ᵉ面ᵉ上ᵉ沉ᵉ著ᵉ應ᵉ對ᵉ，內ᵉ心ᵉ裡ᵉ卻ᵉ樂ᵉ不ᵉ可ᵉ支ᵉ。因ᵉ為ᵉ這ᵉ是ᵉ控ᵉ制ᵉ軍ᵉ隊ᵉ千ᵉ載ᵉ難ᵉ逢ᵉ的ᵉ好ᵉ機ᵉ會ᵉ，他ᵉ可ᵉ以ᵉ藉ᵉ著ᵉ出ᵉ兵ᵉ獲ᵉ得ᵉ兵ᵉ權ᵉ。於ᵉ是ᵉ，他ᵉ出ᵉ了ᵉ一ᵉ個ᵉ餿ᵉ主ᵉ意ᵉ。

在ᵉ王ᵉ振ᵉ勸ᵉ說ᵉ下ᵉ，明ᵉ英ᵉ宗ᵉ決ᵉ定ᵉ御ᵉ駕ᵉ親ᵉ征ᵉ。不ᵉ過ᵉ，兩ᵉ人ᵉ對ᵉ指ᵉ揮ᵉ作ᵉ戰ᵉ一ᵉ無ᵉ所ᵉ知ᵉ，只ᵉ知ᵉ道ᵉ以ᵉ人ᵉ數ᵉ取ᵉ勝ᵉ。於ᵉ是ᵉ，他ᵉ們ᵉ發ᵉ皇ᵉ榜ᵉ召ᵉ集ᵉ了ᵉ二ᵉ十ᵉ萬ᵉ大ᵉ軍ᵉ，號ᵉ稱ᵉ五ᵉ十ᵉ萬ᵉ大ᵉ軍ᵉ。

文ᵉ武ᵉ百ᵉ官ᵉ聽ᵉ說ᵉ皇ᵉ帝ᵉ要ᵉ御ᵉ駕ᵉ親ᵉ征ᵉ，即ᵉ刻ᵉ啟ᵉ程ᵉ，便ᵉ都ᵉ趕ᵉ到ᵉ午ᵉ門ᵉ外ᵉ阻ᵉ止ᵉ。

我之前在家種田，你呢？

我是賣藝的。

好冷啊，要感冒啦！

二十萬臨時徵兵集結在午門外，浩浩蕩蕩地出發了。不過，有些人根本不知道要去哪兒，要做什麼，連換洗的衣服都沒準備，就跟著大部隊走了。正巧趕上天氣變冷，又下起了大雨，士兵們渾身濕冷，不少人感染了風寒。

又冷又累，哪跑得動啊！

瓦剌軍有詐！

將士們日夜趕路，才終於接近了瓦剌軍出沒的地區。夜幕降臨，瓦剌軍假裝打不過明軍而撤退。得意

你跟我唱反調，跪在這兒別走了！

揚揚的王振不顧將士們的疲乏，執意追趕。隨行大臣認為瓦剌有詐，卻被王振罰跪。

見士兵們實在追不動，明英宗和王振只好就地休息。這時，他們才發現糧食不夠。這兩個沒頭腦的人，根本沒想到作戰周期長，糧食須充足。

明軍繼續前進，士兵們餓得只能相互攙扶，連隊形都排不齊了。突然，瓦剌軍從四面八方朝他們襲來，明軍的先導部隊全軍覆沒。王振建議繞道自己的老家——蔚州。

哎呀，這麼多人，會踩壞我老家的莊稼！

我們原路折返！

老家

士兵

我是渴死的！

我是餓死的！

我是累死的！

可憐的士兵們鞋子都走破了，好不容易走了一半，王振突然想起來，這麼多人從老家路過，會踩壞他在老家的農田，便下令士兵原路折返。

一路上屍橫遍野。

不好啦，河邊都是瓦剌軍！

這……

隨行大臣勸明英宗撤軍，但王振還想著建功，命令全體將士駐紮在土木堡。瓦剌軍聽說後，就駐紮在土木堡附近的水源地。這下，明軍不僅沒了糧食，連水也沒有了。

將軍，這裡沒水！

將軍，這裡也沒水！

萬般無奈下，王振只得命令士兵們就近挖井，可是士兵們毫無收穫。

瓦剌軍發起進攻，明軍將士拚死抵抗。王振談判求和時，瓦剌軍假裝同意講和，卻趁著明軍去河邊喝水時偷襲。

明將樊忠眼看將士們一個個倒下，氣得頭髮和鬍鬚都豎起來了。一錘砸死了宦官王振。最終，皇帝朱祁鎮被俘，明軍全軍覆沒。這場戰役史稱「土木堡之變」。

讀故事・學兵法

明英宗和王振不懂用兵之道，貿然發動戰爭、胡亂指揮戰鬥，其結果可想而知。戰爭不是兒戲，關乎國家興衰和百姓存亡。不善於運籌帷幄，兵力再雄厚都只是去送死。

孫子說

善用兵者，修道而保法，故能為勝敗之政。兵法：一曰度，二曰量，三曰數，四曰稱，五曰勝。

善於用兵的人，須研究兵家之道，確保必勝的法度，才能成為戰爭勝負的主宰。根據用兵之法，戰前的物資準備要掌握以下五大指標：一是度量土地面積，二是計量物產收成，三是計算兵員多寡，四是衡量實力狀況，五是預測勝負情況。

孫臏奇招制勝

戰國初期，魏國招攬人才，孫臏去魏國投靠同窗龐涓。龐涓因嫉恨孫臏的才能，在魏王面前說盡孫臏的壞話，孫臏因此受到臏刑，逃往齊國。從此，孫臏與龐涓勢不兩立……

實力雄厚的魏王稱霸，在逢澤主持召開諸侯盟會。大會上，魏王得意揚揚，享受著諸侯們對他的恭維。魏王掃視一圈，發現韓王沒來，十分生氣，回國後便向韓國下了戰書。

接到戰書的韓王心急如焚。韓國實力弱小，無法與魏國匹敵。韓王派使臣向盟友齊國求助。

接ㄐㄧㄝ到ㄉㄠ求ㄑㄧㄡ救ㄐㄧㄡ訊ㄒㄩㄣ息ㄒㄧ的ㄉㄜ齊ㄑㄧ王ㄨㄤ召ㄓㄠ開ㄎㄞ緊ㄐㄧㄣ急ㄐㄧ會ㄏㄨㄟ議ㄧ。齊ㄑㄧ國ㄍㄨㄛ大ㄉㄚ臣ㄔㄣ們ㄇㄣ意ㄧ見ㄐㄧㄢ不ㄅㄨ合ㄏㄜ，有ㄧㄡ人ㄖㄣ提ㄊㄧ議ㄧ袖ㄒㄧㄡ手ㄕㄡ旁ㄆㄤ觀ㄍㄨㄢ，有ㄧㄡ人ㄖㄣ提ㄊㄧ議ㄧ出ㄔㄨ兵ㄅㄧㄥ相ㄒㄧㄤ助ㄓㄨ，韓ㄏㄢ王ㄨㄤ猶ㄧㄡ豫ㄩ不ㄅㄨ決ㄐㄩㄝ。

這ㄓㄜ時ㄕ，坐ㄗㄨㄛ在ㄗㄞ輪ㄌㄨㄣ椅ㄧ上ㄕㄤ的ㄉㄜ孫ㄙㄨㄣ臏ㄅㄧㄣ為ㄨㄟ齊ㄑㄧ王ㄨㄤ出ㄔㄨ了ㄌㄜ一ㄧ個ㄍㄜ好ㄏㄠ主ㄓㄨ意ㄧ。他ㄊㄚ的ㄉㄜ辦ㄅㄢ法ㄈㄚ既ㄐㄧ能ㄋㄥ幫ㄅㄤ助ㄓㄨ韓ㄏㄢ國ㄍㄨㄛ，也ㄧㄝ能ㄋㄥ將ㄐㄧㄤ齊ㄑㄧ國ㄍㄨㄛ的ㄉㄜ損ㄙㄨㄣ失ㄕ降ㄐㄧㄤ到ㄉㄠ最ㄗㄨㄟ低ㄉㄧ。

魏ㄨㄟ軍ㄐㄩㄣ踏ㄊㄚ入ㄖㄨ韓ㄏㄢ國ㄍㄨㄛ邊ㄅㄧㄢ境ㄐㄧㄥ，韓ㄏㄢ軍ㄐㄩㄣ得ㄉㄜ知ㄓ齊ㄑㄧ國ㄍㄨㄛ定ㄉㄧㄥ來ㄌㄞ相ㄒㄧㄤ助ㄓㄨ，拚ㄆㄢ命ㄇㄧㄥ抵ㄉㄧ抗ㄎㄤ。不ㄅㄨ過ㄍㄨㄛ，由ㄧㄡ於ㄩ兩ㄌㄧㄤ國ㄍㄨㄛ兵ㄅㄧㄥ力ㄌㄧ懸ㄒㄩㄢ殊ㄕㄨ，韓ㄏㄢ國ㄍㄨㄛ最ㄗㄨㄟ終ㄓㄨㄥ接ㄐㄧㄝ連ㄌㄧㄢ敗ㄅㄞ退ㄊㄨㄟ。

韓ㄏㄢˊ王ㄨㄤˊ再ㄗㄞˋ次ㄘˋ派ㄆㄞˋ使ㄕˇ臣ㄔㄣˊ到ㄉㄠˋ齊ㄑㄧˊ國ㄍㄨㄛˊ求ㄑㄧㄡˊ助ㄓㄨˋ。 齊ㄑㄧˊ王ㄨㄤˊ看ㄎㄢˋ了ㄌㄜ˙看ㄎㄢˋ輪ㄌㄨㄣˊ椅ㄧˇ上ㄕㄤˋ的ㄉㄜ˙孫ㄙㄨㄣ臏ㄅㄧㄣˋ， 孫ㄙㄨㄣ臏ㄅㄧㄣˋ趕ㄍㄢˇ緊ㄐㄧㄣˇ對ㄉㄨㄟˋ齊ㄑㄧˊ王ㄨㄤˊ使ㄕˇ了ㄌㄜ˙個ㄍㄜˋ眼ㄧㄢˇ色ㄙㄜˋ， 表ㄅㄧㄠˇ示ㄕˋ可ㄎㄜˇ以ㄧˇ出ㄔㄨ兵ㄅㄧㄥ。 於ㄩˊ是ㄕˋ， 齊ㄑㄧˊ王ㄨㄤˊ命ㄇㄧㄥˋ田ㄊㄧㄢˊ忌ㄐㄧˋ為ㄨㄟˊ將ㄐㄧㄤ軍ㄐㄩㄣ， 孫ㄙㄨㄣ臏ㄅㄧㄣˋ則ㄗㄜˊ為ㄨㄟˊ軍ㄐㄩㄣ師ㄕ， 領ㄌㄧㄥˇ兵ㄅㄧㄥ支ㄓ援ㄩㄢˋ韓ㄏㄢˊ國ㄍㄨㄛˊ。

讓ㄖㄤˋ韓ㄏㄢˊ軍ㄐㄩㄣ不ㄅㄨˋ解ㄐㄧㄝˇ的ㄉㄜ˙是ㄕˋ， 田ㄊㄧㄢˊ忌ㄐㄧˋ和ㄏㄢˋ孫ㄙㄨㄣ臏ㄅㄧㄣˋ並ㄅㄧㄥˋ沒ㄇㄟˊ有ㄧㄡˇ趕ㄍㄢˇ赴ㄈㄨˋ戰ㄓㄢˋ場ㄔㄤˇ救ㄐㄧㄡˋ援ㄩㄢˋ， 而ㄦˊ是ㄕˋ圍ㄨㄟˊ困ㄎㄨㄣˋ了ㄌㄜ˙魏ㄨㄟˋ國ㄍㄨㄛˊ的ㄉㄜ˙都ㄉㄨ城ㄔㄥˊ大ㄉㄚˋ梁ㄌㄧㄤˊ。

此ㄘˇ時ㄕˊ， 魏ㄨㄟˋ王ㄨㄤˊ坐ㄗㄨㄛˋ不ㄅㄨˋ住ㄓㄨˋ了ㄌㄜ˙， 派ㄆㄞˋ人ㄖㄣˊ快ㄎㄨㄞˋ馬ㄇㄚˇ加ㄐㄧㄚ鞭ㄅㄧㄢ地ㄉㄧˋ調ㄉㄧㄠˋ回ㄏㄨㄟˊ圍ㄨㄟˊ困ㄎㄨㄣˋ韓ㄏㄢˊ國ㄍㄨㄛˊ的ㄉㄜ˙龐ㄆㄤˊ涓ㄐㄩㄢ。 龐ㄆㄤˊ涓ㄐㄩㄢ正ㄓㄥˋ與ㄩˇ韓ㄏㄢˊ軍ㄐㄩㄣ打ㄉㄚˇ得ㄉㄜ˙激ㄐㄧ烈ㄌㄧㄝˋ， 無ㄨˊ奈ㄋㄞˋ只ㄓˇ得ㄉㄜ˙收ㄕㄡ兵ㄅㄧㄥ回ㄏㄨㄟˊ國ㄍㄨㄛˊ。

早就應該收拾孫臏那小子了！

我們不打韓國了，改打齊國！

　　龐涓回國時，孫臏正好撤離魏國。魏王氣得全身發抖，因為之前，孫臏曾用同樣的方法「圍魏救趙」。這次，他又救了韓國。魏王命龐涓帶領十萬大軍追趕齊軍。

大家見到魏軍，打幾下就撤！

哇，我好害怕，快逃！

看他們那窩囊樣，膽小鬼，追！

　　魏軍向來強悍，輕視別國的軍隊。孫臏利用這一點，故意讓齊軍在作戰時裝出害怕的樣子，沒打幾下就趕緊撤退。魏軍一邊嘲笑齊軍，一邊奮力追趕。

　　齊軍一邊撤退，一邊按照孫臏要求故意扔下軍灶。軍灶是士兵做飯的鍋灶，丟棄得越多，說明士兵所剩越少。龐涓看著沿途丟棄的軍灶暗自得意，命士兵們全速前進。

　　為了盡快趕上齊軍，龐涓丟下步兵，只帶著騎兵和戰車追趕，很快便來到齊國邊境。一路上，

他們看到齊軍丟棄的兵器和鎧甲，追得更緊了。

龐涓不知道，這都是孫臏的計謀。孫臏推算魏軍的行進速度，預計他們天黑時將趕到馬陵，便在此提前埋伏兵馬。他讓士兵剝去路旁大樹的樹皮，露出白木，寫上「龐涓死於此樹之下」幾個字。做好一切準備後，靜待魏軍。

天黑時，魏軍行至馬陵。這裡道路狹窄，不得不放緩速度。四周一片寂靜，龐涓有不好的預感。魏軍點亮火把，竟在樹上發現一行字，嚇得連退幾步。

龐涓還未讀完，就見一束火把從天而降，隨後齊軍伏兵萬箭齊發，魏軍閃躲不及，死傷無數。龐涓自知無法扭轉敗局，拔劍自刎。齊軍全殲魏軍，大獲全勝。

在這場戰役中，孫臏不僅報效了齊國，也為自己報了仇。從此，魏國由盛而衰。

讀故事・學兵法

　　孫臏並不直接面對魏國軍隊，而是採用趁虛而入的方式，達到救助韓國的目的。因此，避實就虛、擊其要害，才是解圍的好方法。生活中，我們也要學會運用逆向思維，從事物的根本尋找解決之道，才會更加有效。

孫子說

　　三軍之眾，可使必受敵而無敗者，奇正是也；兵之所加，如以碬投卵者，虛實是也。

　　使三軍將士受到敵人的攻擊而處於不敗，關鍵在於設計奇特而巧妙的戰術。用兵進攻敵人，要想像用石頭砸雞蛋一樣容易，就要熟練地使用虛實結合的戰術。

一戰成名

　　隨朝滅亡，唐朝建立，李淵與李世民父子開始了統一全國的征戰。在統一了北方後，他們將視線投向南方蕭梁政權。朝中將領誰能完成此項重任呢？

我們的士兵都是北方人，不適應南方的氣候啊！

南方士兵擅長水戰，可我們大都是「旱鴨子」。

　　李淵的唐政權在北方站穩了腳跟，隨即將視線投向南方。此時，南方最大的勢力便是蕭銑建立的「梁」。要取得這剩下的半壁江山並不容易，李淵父子愁眉不展。

　　將軍李靖毛遂自薦，請命對戰蕭梁。李淵立刻派姪子李孝恭和李靖出兵攻打蕭梁。雖然這次出征的主帥是李孝恭，但李淵特意給了李靖權柄，讓李孝恭遇事一定要多聽李靖的意見。

李_カ靖_{リム}來_カ到_カ梁_カ都_カ，並_ク未_メ急_リ著_坐發_ヒ動_カ戰_坐爭_坐，而_ル是_ア搜_ム集_リ訊_ム息_エ，分_ケ析_エ敵_カ我_メ雙_メ方_こ的_カ實_ア力_カ。他_な用_ム了_カ半_ク年_カ多_カ的_カ時_ア間_リ充_ク分_こ掌_坐握_メ蕭_エ梁_カ的_カ軍_リ隊_カ實_ア力_カ和_こ作_ス戰_坐特_カ點_カ，向_エ李_カ淵_ム獻_エ上_ア十_ア項_エ策_ム略_カ也_せ。

轉_坐眼_カ間_リ雨_ム季_リ來_カ臨_カ，江_リ水_メ大_カ漲_坐，水_メ流_カ湍_ム急_リ。蕭_エ梁_カ的_カ軍_リ隊_カ熟_ム知_坐此_ア時_ア水_メ上_ア行_エ船_カ十_ア分_こ危_メ險_エ，便_ク放_こ鬆_ム警_リ戒_リ也_せ。李_カ靖_{リム}

反_こ其_リ道_カ而_ル行_エ，說_こ服_こ將_リ士_ア們_カ偷_な偷_な渡_カ江_リ攻_こ打_カ蕭_エ梁_カ。

正_坐如_ム李_カ靖_{リム}所_こ料_カ，唐_な軍_リ大_カ敗_ク梁_カ軍_リ，繳_リ獲_こ三_ム百_ク多_カ艘_ム戰_坐船_カ。梁_カ軍_リ只_坐得_カ退_な回_こ城_カ內_こ，不_ク再_カ應_エ戰_坐。

我們乘勝追擊，攻入城內！

梁軍會傾巢出動殊死搏鬥，我們還是等等吧！

此時，李孝恭和李靖對下一步的作戰方案產生分歧。李孝恭認為應乘勝追擊，李靖則認為敵軍會傾巢而出並殊死搏鬥，並不是出兵的好時機。

我不使勁打你，你就會打我，拼了！

全體將士出動，奮力拼殺！

哎呀！梁軍怎麼瞬間變得勇猛了呢！

李孝恭一意孤行，獨自帶兵攻打梁軍城池。梁軍奮力抵抗，唐軍被打得落花流水。

唐軍的水壺不錯，撿幾個分給兄弟們！

好沉啊，走不動了！

唐軍的盔甲真好看，我也要穿！

取得勝利的梁軍見到唐軍的武器和物資散落戰場，便紛紛搶奪物資。這樣一來，梁軍的陣形亂了，進攻的速度也慢了。

李靖看出敵人的破綻，下令立即出兵。營中留守的唐軍全部衝向戰場，李孝恭見援軍來了，奮力抵抗。而蕭梁的將士體力不支，喪失戰鬥的勇氣，只顧逃命。

唐軍乘勝追擊，一路上勢如破竹，攻破江陵外城，再破水城，最終包圍內城。在此期間，唐軍繳獲了大量戰船，李靖再次將戰爭的主動權掌握在手中。

李靖下令，將繳獲的戰船放入江中，讓它們順流而下。原來，這又是迷惑敵人、以假亂真的一個小策略。

李靖推算出，即使蕭梁援軍能查明實情，也需要十幾天，而唐軍在此期間加緊攻城，便有望取勝。正如李靖所料，下游的援軍以為江陵已破，不少人紛紛投降。

李靖領軍將江陵內城圍得水泄不通。蕭銑見援軍遲遲不到，決定投降。文武百官穿上喪服，開城迎接唐軍。

李靖整頓軍隊進入城中。不少士兵想要搶劫財物，被李靖阻止了。他三令五申，不許動百姓一分一毫，還要求士兵善待降將。李靖看到南方還有很多地盤沒有打下來，如果燒殺擄掠，其他地方的士兵將會拼死抵抗，增加攻城的難度。

　　李靖經過此一一戰後威名遠揚，被封為「上柱國」「永康縣公」。從此以後，他以英勇善戰和仁義寬厚著稱，成為唐朝的大英雄。

讀故事・學兵法

　　李靖出色之處，在於面對千變萬化的戰局，始終能做出準確的判斷，懂得進退和借勢。順勢而為，能大大鼓舞己方士氣，克敵制勝。

孫子說

　　故善動敵者，形之，敵必從之；予之，敵必取之。以利動之，以卒待之。故善戰者，求之於勢，不責於人，故能擇人而任勢。任勢者，其戰人也，如轉木石。木石之性，安則靜，危則動，方則止，圓則行。故善戰人之勢，如轉圓石於千仞之山者，勢也。

　　善於調動敵人的將帥，製造假象迷惑敵人，敵人必定信從；給敵人一點好處，敵人必定接受，而將空虛薄弱之處暴露出來。用利益調動敵人，以士卒守候敵人。所以善於作戰的將帥，總是只求於勢，不求於人，所以能放棄人而依靠勢。依靠勢的將帥，他們指揮士卒作戰，就像轉動木頭和石頭。木頭和石頭的特性，平放就靜止不動，傾斜著放就會滾動，方形的會保持靜止的形態，圓形的就會滾動行進。善於指揮作戰的將領所造成的態勢，就像轉動圓石，讓它像從八千尺高山上滾下來一樣，這就是勢的含義。

這是人民的法槌

　　明朝末年，朝政腐敗，民不聊生，各地紛紛爆發農民起義，朝廷展開大規模的圍剿行動。張獻忠和羅汝才率領的起義軍，裝備雖然簡陋，但充分運用兵法，展現了令人讚嘆的智慧。

　　為了剿滅張獻忠和羅汝才的起義軍，崇禎帝任命楊嗣昌為主將，派出軍隊全力剿殺。明軍裝備精良，人數眾多，起義軍損失慘重，眼看就要全軍覆沒了。

> 第一，四川地形複雜，易守難攻。
>
> 第二，川軍總管極為貪婪，士兵們早就不服。
>
> 第三，四川百姓痛恨明朝官員，民意基礎好。

　　為了擺脫危機，張、羅兩人決定撤離湖北大本營。經過再三思量，張獻忠決定帶領殘部逃往四川。

要ᴸᵃ想ᴺᵍ進ᴺ入ᵘ四ˢᵘ川ᵀˢ，　就ᴺᴸ要ᴸᵃ攻ᴳᵘ破ᴱ邵ᴴᵃ捷ᴱ春ᵀ防ᴱ守ᴸᵘ的ᵈᵉ新ᴴ寧ᴸᴵ。
誰ᴴᵉᴵ都ᴰ沒ᴹ有ᴸᵒᵘ想ᴸᵃ到ᴰᵃ起ᵘ義ᴵ軍ᴸᵘ如ᵘ此ᵀ神ᴴᵉ速ˢᵘ，　短ᴰ時ᴾ間ᴶ內ᴺᵉ就ᴺᴸ來ᴸᵃ到ᴰᵃ
這ᵀᵉ裡ᴸᴵ，　打ᴰᵃ得ᵈᵉ駐ᵀᵘ守ᴸᵘ新ᴴ寧ᴸᴵ的ᵈᵉ官ᴳᵘ兵ᴮ措ᵀᵘ手ᴸᵘ不ᴮᵘ及ᴶ。

攻ᴳᵘ破ᴱ新ᴴ寧ᴸᴵ後ᴴᵒᵘ，　起ᵘ義ᴵ軍ᴸᵘ順ᴸᵘ利ᴸᴵ進ᴺ入ᵘ四ˢᵘ川ᵀˢ。　一一路ᴸᵘ上ᴸᵃ，
所ˢᵘ遇ᵘ官ᴳᵘ兵ᴮ不ᴮᵘ是ᴸᴵ逃ᵀᵃ跑ᴾᵃ就ᴺᴸ是ᴸᴵ投ᵀᵒᵘ降ᴸᴸ。　躲ᴰᵘ在ᵀˢᵃ山ᴸᵃ裡ᴸᴵ的ᵈᵉ百ᴮᵃ姓ᴸᴸ聽ᵀ
說ᴸᵘ農ᴺ民ᴹ軍ᴸᵘ來ᴸᵃ了ᵈᵉ，　紛ᶠᵉ紛ᶠᵉ加ᴶᵃ入ᵘ起ᵘ義ᴵ的ᵈᵉ隊ᴰᵘ伍ᵘ。

楊ᴸᵃ嗣ˢ昌ᵀˢᵃ剛ᴳᵃ愎ᴮᴵ自ᵀ用ᵘ，　本ᴮᵉ以ᵘ為ᵘ定ᴰᴸ能ᴺᵉ將ᴶᴸᵃ起ᵘ義ᴵ軍ᴸᵘ牢ᴸᵃ牢ᴸᵃ圍ᵘ
困ᴸᵘ，　不ᴮᵘ料ᴸᴵ卻ᴸᴸ被ᴮᴸ他ᵀᵃ們ᴹ攻ᴳᵘ破ᴱ了ᵈᵉ防ᴱ線ᴸᴵ，　轉ᵀˢᵃ戰ᵀˢ四ˢᵘ川ᵀˢ，　楊ᴸᵃ嗣ˢ
昌ᵀˢᵃ當ᴰᵃ下ᴸᴵ立ᴸᴵ即ᴶᴵ決ᴶᴸ定ᴰᴸ追ᵀᵘ擊ᴶᴵ。

來ㄌㄞˊ到ㄉㄠˋ四ㄙˋ川ㄔㄨㄢ後ㄏㄡˋ， 張ㄓㄤ獻ㄒㄧㄢˋ忠ㄓㄨㄥ並ㄅㄧㄥˋ沒ㄇㄟˊ有ㄧㄡˇ停ㄊㄧㄥˊ下ㄒㄧㄚˋ來ㄌㄞˊ休ㄒㄧㄡ息ㄒㄧ。 他ㄊㄚ找ㄓㄠˇ來ㄌㄞˊ新ㄒㄧㄣ加ㄐㄧㄚ入ㄖㄨˋ的ㄉㄜ˙本ㄅㄣˇ地ㄉㄧˋ農ㄋㄨㄥˊ民ㄇㄧㄣˊ， 向ㄒㄧㄤˋ他ㄊㄚ們ㄇㄣˊ請ㄑㄧㄥˇ教ㄐㄧㄠˋ四ㄙˋ川ㄔㄨㄢ境ㄐㄧㄥˋ內ㄋㄟˋ的ㄉㄜ˙地ㄉㄧˋ勢ㄕˋ地ㄉㄧˋ形ㄒㄧㄥˊ。

同ㄊㄨㄥˊ時ㄕˊ， 張ㄓㄤ獻ㄒㄧㄢˋ忠ㄓㄨㄥ派ㄆㄞˋ出ㄔㄨ多ㄉㄨㄛ名ㄇㄧㄥˊ情ㄑㄧㄥˊ報ㄅㄠˋ員ㄩㄢˊ打ㄉㄚˇ探ㄊㄢˋ明ㄇㄧㄥˊ軍ㄐㄩㄣ情ㄑㄧㄥˊ況ㄎㄨㄤˋ， 對ㄉㄨㄟˋ明ㄇㄧㄥˊ軍ㄐㄩㄣ的ㄉㄜ˙行ㄒㄧㄥˊ軍ㄐㄩㄣ速ㄙㄨˋ度ㄉㄨˋ、 路ㄌㄨˋ線ㄒㄧㄢˋ、 人ㄖㄣˊ員ㄩㄢˊ及ㄐㄧˊ物ㄨˋ資ㄗ情ㄑㄧㄥˊ況ㄎㄨㄤˋ瞭ㄌㄧㄠˇ如ㄖㄨˊ指ㄓˇ掌ㄓㄤˇ。 根ㄍㄣ據ㄐㄩˋ這ㄓㄜˋ些ㄒㄧㄝ情ㄑㄧㄥˊ報ㄅㄠˋ， 張ㄓㄤ獻ㄒㄧㄢˋ忠ㄓㄨㄥ制ㄓˋ定ㄉㄧㄥˋ了ㄌㄜ˙嚴ㄧㄢˊ密ㄇㄧˋ的ㄉㄜ˙作ㄗㄨㄛˋ戰ㄓㄢˋ計ㄐㄧˋ畫ㄏㄨㄚˋ， 對ㄉㄨㄟˋ作ㄗㄨㄛˋ戰ㄓㄢˋ場ㄔㄤˇ地ㄉㄧˋ提ㄊㄧˊ前ㄑㄧㄢˊ進ㄐㄧㄣˋ行ㄒㄧㄥˊ部ㄅㄨˋ署ㄕㄨˇ。

明是軍是追著趕影上家來家，起至義一軍是早最已一準影備家妥家當家。明是軍是一一路家奔家波家，常家常家還家沒家搞家清至楚家狀家況家，糊家裡型糊家塗家就家被家起至義一軍是打家了家。

更家讓家明是軍是惱家火家的家是家，起至義一軍是並家不家戀家戰家，打家幾至下家就家跑家。由家於家起至義一軍是熟家悉工地型形家，躲家起至來家明是軍是根家本家找家不家到家，氣至得家明是軍是將家領家直家踩家腳家。

　　明军追捕起义军时，由于不熟悉地形，常常掉队迷路。

　　就这样，张献忠始终带著明军兜圈子。四个多月里，明军被迫行进上千里，将士们异常疲惫，战斗力直线下降。这时，张献忠又想出了一个好主意，开始著手准备。

黃陵城地勢險峻，易守難攻。張獻忠提前在黃陵設好了埋伏。一天，黃陵下起傾盆大雨，明軍將領猛如虎的先遣部隊追趕到了黃陵。

張獻忠提前來到山頂，將明軍盡收眼底。他看準時機，發出總攻的號令，一時間起義軍呼聲震天，明軍不明情況，嚇得瑟瑟發抖。猛如虎的部隊就這樣被全部殲滅了。

黃陵大戰告捷，張獻忠未做片刻停留，繼續牽著明軍的鼻子走。第三戰，他選擇了湖北襄陽作為戰場。張獻忠帶著繳獲的明朝兵符和文書，偽裝成明軍，騙過了守城衛兵。

張獻忠進城後，趁守城明軍不備，將他們全部制服，占領了襄陽，抓住藩王襄王。根據明朝法律規定，如果戰敗導致封地的藩王被殺，主帥應被處死。張獻忠毫不猶豫就殺了襄王。

楊嗣昌得知張獻忠已奪取襄陽，急得如熱鍋上的螞蟻，晝夜不停地趕路。可是，張獻忠命羅汝才帶領起義軍砍斷棧道，楊嗣昌氣到冒火。

　　也世不知道智嘗試了幾條路，楊嗣昌終於抵達了襄陽。不過，此時襄王已被殺，楊嗣昌只得灰頭土臉地回京請罪。回京路上，楊嗣昌聽聞李自成攻破洛陽的消息，便絕望地自殺了。

讀故事．學兵法

　　張獻忠衝出明軍的包圍後，選擇快速抵達戰場，做好周密部署，靜待敵人進場。起義軍主動從容，而明軍被動疲勞，戰爭的結果可想而知。這個故事告訴我們，只有搶占先機，做好準備，才有可能掌握主動權。

孫子說

　　凡先處戰地而待敵者佚，後處戰地而趨戰者勞。故善戰者，致人而不致於人。

　　通常來說，兩軍交戰時，先到達戰場的一方於戰地等待敵人就主動從容，後到達戰場的一方匆忙投入戰鬥就勞累被動。因此，擅長作戰的人往往善於調動敵人，而不會被敵人牽著鼻子走。

攻其弱點，出奇制勝

劉備死後，其子劉禪即位。劉禪昏庸無能，將建功立業的大事全然拋於腦後。魏國看準時機，向蜀國發動進攻。魏國將士能否在易守難攻的蜀地打開戰爭的突破口呢？蜀國將士能否守住國家呢？

大王，現在正是進攻蜀國的好機會！

我看他們三人就能搞定此事！

保證完成任務！

你們三個去吧！

魏國大將軍司馬昭認為滅蜀時機已到，魏王准奏派鍾會為主將、諸葛緒和鄧艾為副將，帶領十八萬大軍向蜀國進發。曹魏認為，蜀國最難對付的是大將軍姜維。只要制服他，蜀國即可攻破。

司馬昭決定兵分三路。鄧艾率三萬大軍由西路進攻姜維。諸葛緒率三萬大軍由中路挺進，不讓姜維逃跑。

你們三個把姜維困在中間，讓英雄無用武之地，哈哈！

鍾會

鄧艾

姜維

諸葛緒

還有一一路是鍾會率主力十二萬人，從斜谷、駱谷和子午谷三方進攻漢中，與蜀軍正面交鋒。

早在戰爭以前，姜維就提出防禦漢中的「斂兵聚谷」戰略。簡單來說，就是誘敵深入、關門打狗。於是，得到消息的劉禪趕緊安排人員前往軍事要地。

可是，他們走得太慢，等到到達目的地時，這些地方都已經被魏軍占領了。

與此同時，鄧艾的西路軍，三面夾擊沓中的姜維。姜維聽說不少城關被魏軍攻破，於是邊戰邊退，希望能夠幫助其他重要關隘，不料卻被諸葛緒帶領的中路大軍攔住了退路。

姜維繞到諸葛緒後方偷襲，嚇得他慌忙後退三十里，姜維趁機帶著三萬兵馬逃出了包圍圈，魏軍的如意算盤落空了。姜維一路撤退，途中整合了一些蜀軍，退到了地勢險峻的劍閣。

事情果然如姜維所料，無論鍾會怎麼打，就是攻不下，只能退軍。眼看著魏軍帶的糧食就要吃光了，軍心開始動搖。

就ぷ在ぷ這ぷ個ぷ
關ぷ鍵ぷ時ぷ刻ぷ，
鄧ぷ艾ぷ仔ぷ細ぷ研ぷ
究ぷ蜀ぷ國ぷ的ぷ地ぷ
形ぷ之ぷ後ぷ， 提ぷ
出ぷ了ぷ一ぷ條ぷ奇ぷ
策ぷ： 走ぷ小ぷ道ぷ
繞ぷ過ぷ久ぷ攻ぷ不ぷ
下ぷ的ぷ陰ぷ平ぷ和ぷ

劍ぷ閣ぷ， 進ぷ攻ぷ守ぷ衛ぷ薄ぷ弱ぷ的ぷ江ぷ油ぷ， 進ぷ而ぷ直ぷ逼ぷ成ぷ都ぷ。

鄧ぷ艾ぷ身ぷ先ぷ士ぷ卒ぷ， 走ぷ在ぷ隊ぷ伍ぷ的ぷ最ぷ前ぷ頭ぷ。 這ぷ條ぷ小ぷ路ぷ
非ぷ常ぷ艱ぷ險ぷ， 兩ぷ邊ぷ都ぷ是ぷ懸ぷ崖ぷ峭ぷ壁ぷ， 路ぷ上ぷ荊ぷ棘ぷ叢ぷ生ぷ，
唯ぷ一ぷ能ぷ行ぷ動ぷ自ぷ如ぷ的ぷ只ぷ有ぷ山ぷ間ぷ的ぷ小ぷ猴ぷ子ぷ。

一ぷ個ぷ月ぷ後ぷ， 魏ぷ軍ぷ吃ぷ光ぷ了ぷ最ぷ後ぷ一ぷ粒ぷ米ぷ， 卻ぷ還ぷ見ぷ不ぷ
到ぷ路ぷ的ぷ盡ぷ頭ぷ。 不ぷ少ぷ魏ぷ軍ぷ喪ぷ失ぷ了ぷ信ぷ心ぷ， 鄧ぷ艾ぷ不ぷ斷ぷ鼓ぷ
勵ぷ他ぷ們ぷ。

終_{ㄓㄨㄥ}於_ㄩ， 魏_{ㄨㄟ}軍_{ㄐㄩㄣ}克_{ㄎㄜ}服_{ㄈㄨ}艱_{ㄐㄧㄢ}難_{ㄋㄢ}險_{ㄒㄧㄢ}阻_{ㄗㄨ}來_{ㄌㄞ}到_{ㄉㄠ}江_{ㄐㄧㄤ}油_{ㄧㄡ}。 守_{ㄕㄡ}將_{ㄐㄧㄤ}馬_{ㄇㄚ}邈_{ㄇㄧㄠ}不_{ㄅㄨ}戰_{ㄓㄢ}而_ㄦ降_{ㄒㄧㄤ}， 魏_{ㄨㄟ}軍_{ㄐㄩㄣ}士_ㄕ氣_{ㄑㄧ}大_{ㄉㄚ}振_{ㄓㄣ}。

劉_{ㄌㄧㄡ}禪_{ㄕㄢ}得_{ㄉㄜ}知_ㄓ江_{ㄐㄧㄤ}油_{ㄧㄡ}失_ㄕ守_{ㄕㄡ}， 趕_{ㄍㄢ}緊_{ㄐㄧㄣ}派_{ㄆㄞ}諸_{ㄓㄨ}葛_{ㄍㄜ}亮_{ㄌㄧㄤ}之_ㄓ子_ㄗ諸_{ㄓㄨ}葛_{ㄍㄜ}瞻_{ㄓㄢ}出_{ㄔㄨ}兵_{ㄅㄧㄥ}抗_{ㄎㄤ}敵_{ㄉㄧ}。 雖_{ㄙㄨㄟ}然_{ㄖㄢ}鄧_{ㄉㄥ}艾_ㄞ的_{ㄉㄜ}兵_{ㄅㄧㄥ}沒_{ㄇㄟ}有_{ㄧㄡ}諸_{ㄓㄨ}葛_{ㄍㄜ}瞻_{ㄓㄢ}多_{ㄉㄨㄛ}， 但_{ㄉㄢ}他_{ㄊㄚ}們_{ㄇㄣ}經_{ㄐㄧㄥ}過_{ㄍㄨㄛ}「繞_{ㄖㄠ}行_{ㄒㄧㄥ}小_{ㄒㄧㄠ}道_{ㄉㄠ}」 的_{ㄉㄜ}磨_{ㄇㄛ}練_{ㄌㄧㄢ}， 個_{ㄍㄜ}個_{ㄍㄜ}英_{ㄧㄥ}勇_{ㄩㄥ}無_ㄨ畏_{ㄨㄟ}。 就_{ㄐㄧㄡ}這_{ㄓㄜ}樣_{ㄧㄤ}， 鄧_{ㄉㄥ}艾_ㄞ將_{ㄐㄧㄤ}諸_{ㄓㄨ}葛_{ㄍㄜ}瞻_{ㄓㄢ}的_{ㄉㄜ}軍_{ㄐㄩㄣ}隊_{ㄉㄨㄟ}打_{ㄉㄚ}得_{ㄉㄜ}落_{ㄌㄨㄛ}花_{ㄏㄨㄚ}流_{ㄌㄧㄡ}水_{ㄕㄨㄟ}。

當時，蜀國大部分士兵都被姜維集中在劍閣，守衛成都的士兵很少。聽說魏軍已經兵臨城下，劉禪驚惶失措。

成都軍民的士氣降到谷底，劉禪打開城門，帶著蜀都的大臣向鄧艾投降。至此，蜀國滅亡。

陷入絕境之時，　鄧艾另闢蹊徑，　攻擊蜀國防守最為薄弱的地方，　避重就輕，　令人意外地完成了滅蜀的使命。

讀故事・學兵法

　　將軍鄧艾見魏軍無法在正面戰場取得勝利，便出奇制勝，繞過蜀軍主力，轉而攻擊防守最薄弱的地方，最終贏得了勝利。在現實生活中，我們要學習鄧艾那種鍥而不捨的精神，絕不輕易放過任何一個成功的機會。哪怕希望十分渺茫，都要全力以赴地爭取。

孫子說

　　夫兵形象水，水之形，避高而趨下，兵之形，避實而擊虛。水因地而制流，兵因敵而制勝。

　　用兵打仗的一般情況就像流水。流水的特性，是避開高處而往低處流，用兵打仗的特性，是避開敵人兵力集中而強大的地方，攻擊敵人兵力分散而薄弱的地方。水依據地形的變化而決定水的流向，軍隊也要依據敵情的變化而制服敵人取得勝利。

後發制人退秦軍

行軍打仗，雙方都希望能夠搶先抵達戰場，為自己爭取有利條件。那麼落後的一方該如何應對？是否還有機會挽回局面呢？

戰國時期，秦國包圍了趙國的閼與城。猛將廉頗和樂乘全都束手無策，趙王愁眉不展。這時，趙奢站了出來，向趙王請戰。

趙奢原是趙國的田租稅務員。有一次，他和部下來到平原君家收稅，沒想到大管家想逃稅。趙奢依照法律，把大小管事者九人繩之以法。平原君生氣了，而趙奢曉之以理，不僅平息了他的怒火，還獲得他的賞識，被推薦給趙王。

趙王任命趙奢主管全國稅收。沒過多久，趙奢收來的稅金就填滿了國庫。

聽到趙奢的請命，趙王詢問他的作戰計畫。趙奢認為，在狹窄的地方打鬥，好比在洞中打架的老鼠，取勝之道在於勇。

此時，秦軍提前駐紮戰場，搶占地理優勢。趙奢知道如果硬碰硬，趙軍完全沒有優勢。於是，他帶領軍隊離開邯鄲城三十里便安營紮寨，並下令：「有膽談及軍事者，一律斬首。」

一名偵察兵向趙奢報告，秦軍的吶喊聲都快掀起武安的屋上瓦了，得趕緊出兵援救武安。趙奢依令斬了那名偵察兵，殺雞做猴。

　　趙奢一邊按兵不動，一邊命令士兵加固駐地的堡壘，擺出了一副「堅持防守，絕不進攻」的姿態。秦國派使臣來交涉，趙奢端出好酒好菜招待秦使，卻對戰事一字不提。

　　秦使把趙奢無心戰事的事情告訴了秦將，秦將非常得意。誰知秦使剛走，趙奢就祕密集齊了兵馬，立刻向閼與進軍。

　　原來，趙奢之前停滯不前只是為了麻痺秦軍。趙軍全速前進，僅用了兩天一夜的時間，就趕到秦軍駐紮的軍營附近。秦軍聽說後，大吃一驚，立即全副武裝，準備戰鬥。

你有什麼好主意？

我勸將軍一定要集中兵力，嚴陣以待。

同意。

點頭

先占領北山，必穩操勝券。

　　就在這時，趙軍中一位名叫許歷的軍士求見，向趙奢獻計。

趙奢先派出一萬人占領閼與北山高地。士兵們剛剛排好陣形，秦軍也到了。兩軍展開了「山頭爭奪戰」。由於秦軍晚到一步，無法上山。

趙奢在山頭指揮士兵展開猛烈攻擊，秦軍被打得喪失鬥志，個個丟盔棄甲，四處逃竄。閼與城之圍解除，趙奢凱旋。

回到都城後，趙奢受到趙王的封賞。此後，他與廉頗、藺相如成了同級別的大官。許歷也因獻計有功，受到封賞。

趙奢一心為國，年紀輕輕便過世了。因公事繁忙，趙奢缺少對兒子的教育，導致其子只會讀兵書，卻不懂實戰。他的兒子就是「紙上談兵」的趙括。

讀故事‧學兵法

這場戰役，秦軍早一步進入戰場，取得了先機。而趙奢從容應對，巧設計謀，迷惑秦軍，後發制人，取得了勝利。

孫子說

軍爭之難者，以迂為直，以患為利。故迂其途，而誘之以利，後人發，先人至，此知迂直之計者也。

戰爭最難的地方，是將曲折的道路轉變為捷徑，將不利轉變為有利。所以，我方迂迴前進，用利益和假象迷惑敵人，讓敵人不知我方意圖，以達到後出兵卻能搶先到達陣地的目的，這就是知曉以迂為直之計的人啊。

認真就輸了

陳友諒和朱元璋都是元末民變的領袖。最終爭霸中，兩方對戰。當時，陳友諒的實力比朱元璋強。實力較弱的朱元璋能打敗實力較強的陳友諒嗎？

朱元璋和陳友諒都有著悲慘的身世。朱元璋當過牧童、和尚和乞丐。陳友諒是漁家出身。兩人都投身「紅巾軍」，並逐漸成長。後來兩人自立門戶，成為奪取天下的對手。

要想奪取天下，朱元璋必須打敗陳友諒和張士誠。朱元璋的軍師劉基認為，只要除掉陳友諒，張士誠便毫無招架之力。

制定好計畫後，朱元璋著手準備軍備物資。誰知陳友諒先他一步，率軍打了過來，朱元璋節節敗退。陳友諒占據了安徽太平等地，得意揚揚。

陳友諒原本計畫與張士誠聯合，但是取得太平後，迫不及待地就稱帝了，國號「漢」。

此時，吃了敗仗的朱元璋正在與將士們商量對策。大家意見不同，吵得不可開交。

只ㄓˇ有ㄧㄡˇ一ㄧ人ㄖㄣˊ一ㄧ言ㄧㄢˊ不ㄅㄨˋ發ㄈㄚ，他ㄊㄚ就ㄐㄧㄡˋ是ㄕˋ軍ㄐㄩㄣ師ㄕ劉ㄌㄧㄡˊ基ㄐㄧ。朱ㄓㄨ元ㄩㄢˊ璋ㄓㄤ趕ㄍㄢˇ緊ㄐㄧㄣˇ解ㄐㄧㄝˇ散ㄙㄢˋ了ㄌㄜ眾ㄓㄨㄥˋ人ㄖㄣˊ，獨ㄉㄨˊ留ㄌㄧㄡˊ劉ㄌㄧㄡˊ基ㄐㄧ密ㄇㄧˋ談ㄊㄢˊ。

朱ㄓㄨ元ㄩㄢˊ璋ㄓㄤ琢ㄓㄨㄛˊ磨ㄇㄛˊ著ㄓㄜ這ㄓㄜˋ兩ㄌㄧㄤˇ條ㄊㄧㄠˊ計ㄐㄧˋ策ㄘㄜˋ，決ㄐㄩㄝˊ勝ㄕㄥˋ的ㄉㄜ關ㄍㄨㄢ鍵ㄐㄧㄢˋ是ㄕˋ誘ㄧㄡˋ敵ㄉㄧˊ深ㄕㄣ入ㄖㄨˋ。正ㄓㄥˋ思ㄙ索ㄙㄨㄛˇ該ㄍㄞ如ㄖㄨˊ何ㄏㄜˊ誘ㄧㄡˋ敵ㄉㄧˊ深ㄕㄣ入ㄖㄨˋ時ㄕˊ，朱ㄓㄨ元ㄩㄢˊ璋ㄓㄤ突ㄊㄨˊ然ㄖㄢˊ想ㄒㄧㄤˇ起ㄑㄧˇ了ㄌㄜ康ㄎㄤ茂ㄇㄠˋ才ㄘㄞˊ，他ㄊㄚ曾ㄘㄥˊ是ㄕˋ陳ㄔㄣˊ友ㄧㄡˇ諒ㄌㄧㄤˋ的ㄉㄜ朋ㄆㄥˊ友ㄧㄡˇ。

88

你把這封信交給陳友諒。

好，我去最合適。我是看著他長大的，他一定不會多想。

　　康茂才聽說了朱元璋的計畫後，一口答應，配合朱元璋開始了「詐降計畫」。康茂才寫了一封詐降信，並派一名陳友諒熟識的老僕去送信。

裡應外合到江東木橋，活捉朱元璋！

回信

　　果然，陳友諒看完了康茂才的信後，不由得心中大喜。這封信不僅是康茂才的投降書，還是合力活捉朱元璋的計畫。

　　陳友諒反覆盤問老僕，老僕未露出絲毫破綻，但太尉張定邊依然認為，康茂才此時獻計十分可疑。只是陳友諒志得意滿，根本不聽勸。

　　朱元璋深知誘敵深入之計千載難逢，這次只能勝利不能失敗，於是帶領士兵夜以繼日地艱苦訓練。士兵們個個鬥志滿滿，發誓一定要打敗陳友諒。

　　這天，陳友諒按照康茂才的計畫，帶領水軍如約到達江東橋。陳友諒站在橋頭快喊破了喉嚨，也無人應答。他才意識到自己中計了。

　　陳友諒也是身經百戰的將領， 立刻將軍隊分成兩隊， 一隊留下抵抗朱元璋， 他帶領另一隊趕緊繞行到下游的石灰山北面。 朱元璋的軍隊士氣很高， 陳友諒的抵抗部隊很快就被打得落花流水。

　　陳友諒可不是吃素的， 他早就對此做了備案。 他提前獲得情報， 得知朱元璋的精銳部隊駐守在盧龍山， 因此他帶兵從石灰山北面登陸， 目的就是要將朱元璋的部隊團團圍住。 誰知道， 朱元璋也想到這一點， 早已命令三萬精銳埋伏在此。

　　這下下，陳陳友友諒諒無無計計可可施施，下下令令士士兵兵全全力力抵抵抗抗，而而自自己己則則帶帶著著隨隨身身侍侍衛衛乘乘船船逃逃走走了了。

讀故事・學兵法

　　朱元璋的實力遠不及陳友諒，於是利用了一系列的「假動作」欺騙陳友諒，並於最終將其擊敗。在這個故事中，康茂才利用「能夠活捉朱元璋」這個巨大的利益騙取陳友諒的信任，並影響了陳友諒的軍事戰略。陳友諒對朱元璋軍隊的包圍也不失為一種可行策略，但朱元璋事先防禦，因此無法扭轉戰局。現實生活中，在利益面前我們要始終保持清醒的頭腦，看清真偽，避免遭受損失。

孫子說

故兵以詐立，以利動，以分合為變者也。
　　用兵打仗可用「詐」立足，要根據有利情況採取行動，用分散和集中兵力實現戰術的變化。

將在外，君命有所不受

宋朝的開國之君趙匡胤原是手握兵權的武將，發動陳橋兵變奪得了天下，結束了五代十國的分裂局面。平定天下後，如何掌控兵權成為首要大事，「兵權怪象」幾乎貫穿整個宋朝。

如今天下太平，大家不用打仗了，我給你們錢享受生活吧！

皇上，我的兩萬名士兵交給您啦！

皇上，我的五千名士兵交給您啦！

這就是「杯酒釋兵權」。

宋朝開國功臣各個手握重兵，這讓皇帝趙匡胤寢食難安。失眠的趙匡胤想到一個好主意：沒有什麼是一頓酒解決不了的問題。他請開國功臣喝了頓酒，用高官厚祿收回了大家的兵權。

我是二品武將，怎麼見到我不行禮？

雖然我是三品，但我是文官呀！

從此，趙匡胤越來越重視文官，武官的地位一落千丈。武官們個個嘆息，但和平年代的確沒有他們施展才華的空間。

　　到了宋太宗時期，趙光義為了防止將領擁兵自重，一旦發生戰事，常常讓文官領兵，甚至讓太監領兵。出征前，皇帝親授作戰方法，按照皇帝的指令即使打輸了，也不會受到太大責怪。但不執行命令，則會受到嚴屬懲罰。

　　如此一來，兵多將廣的宋朝在與遼國的作戰中屢戰屢敗，士兵們每次出征都提心吊膽，更別提士氣有多低落了。

後來，遼國燕王韓匡嗣帶兵攻打宋國。宋太宗則派劉廷翰、崔翰、趙延進、李繼隆等人率軍出征。皇帝照例給出戰略，並要求務必取勝。

宋軍行至滿城，滿山遍野的遼兵從兩邊蜂擁而來，掀起滾滾煙塵。眾將士打開作戰計畫，這次宋太宗命令軍隊分成八個陣隊，每兩個陣隊之間相隔百步遠。

趙延進當即決定集中兵力，抵抗左右而來的遼軍。可這就抗旨了，主帥劉廷翰不同意。最後，在趙延進和李繼隆的勸說下，劉廷翰決定將八陣變為兩陣，互相照應。

　　趙延進得知遼國的主將燕王韓匡嗣向來輕視宋軍，便派人送去詐降書。果然，韓匡嗣收到降書後得意揚揚，對副將耶律休哥的提醒渾不在意。

　　就在遼軍主將等待相約之人投降時，突然戰鼓雷動，宋軍從東西兩邊突襲而來，一時間殺聲四起，塵土飛揚。遼軍不得已倉促應戰。

很快地，宋軍攻入遼營，遼軍傷亡慘重。宋軍窮追猛打，將不少遼兵逼得跳下峽谷。這一仗，宋軍大獲全勝，活捉數千遼兵，繳獲戰馬、武器無數。

勝利的消息傳來，宋太宗沒有治罪，反倒獎賞了趙延進及眾將士。奇怪的是，此後的宋遼戰爭中，宋太宗依然是那一套：提前制定作戰計畫，要求將領不得違背，勝負也就可想而知了。

後來有人上書皇帝，希望皇帝不要戰前賜作戰方案，但皇帝沒有採納。

讀故事・學兵法

執行命令是軍人的天職，但特殊情況下也要視具體的情況而定，一味地拘泥於教條，結局只會是失敗。現實生活中，我們做事也要從實際面出發，接受發展與變化，彈性面對問題。

孫子說

圮地無舍，衢地交合，絕地無留，圍地則謀，死地則戰，途有所不由，軍有所不擊，城有所不攻，地有所不爭，君命有所不受。

軍隊不駐紮在難以通行之地，在四通八達的地方要與四鄰結交，不停留在難以生存之處，在容易被包圍的地方要用計謀突圍，陷入進退兩難的絕境時也要堅決奮戰，絕地求生。有的路不要走，有的敵軍不要打，有的城池不要攻，有的土地不要爭奪，甚至有的王命不必接受。

你被我看穿了

春秋時期，鄭國違背與晉國的盟約，偷偷與楚國交好。晉厲公得知後，痛恨鄭國不守信用，向鄭國發動戰爭。

鄭國為得到楚國一些土地和百姓，背棄原來的老大晉國，使晉厲公十分生氣。他找來齊國、魯國、衛國和宋國的國君，商量如何懲罰背信棄義的「小鄭」。各國國君一聽就決定支持晉國。

與此同時，鄭國也請來楚國幫忙。

晉屬公帶著五萬兵馬登上了鄢陵處的高山，等待其他四國盟友。此時，楚王正帶著近十萬大軍浩浩蕩蕩向鄢陵襲來。楚國想要在其他四國到來前，率先打敗晉國。

晉屬公從高處看到了楚國的龐大軍隊，心急如焚。大臣們也開始煩躁，勸晉屬公一定要等盟友來了再戰，只有晉將郤至覺得楚軍漸漸逼近，不能一味固守，應該出擊迎戰，並仔細觀察楚軍的動向。

郤至命親信悄悄去打探楚國軍情。透過反饋回來的訊息，他分析出：楚軍人數雖多，但作戰經驗不豐富，戰鬥力不強。

不ㄅㄨˋ僅ㄐㄧㄣˇ如ㄖㄨˊ此ㄘˇ，郤ㄒㄧˋ至ㄓˋ還ㄏㄞˊ得ㄉㄜˊ到ㄉㄠˋ一ㄧ個ㄍㄜˋ重ㄓㄨㄥˋ要ㄧㄠˋ情ㄑㄧㄥˊ報ㄅㄠˋ：鄭ㄓㄥˋ楚ㄔㄨˇ兩ㄌㄧㄤˇ國ㄍㄨㄛˊ的ㄉㄜ˙將ㄐㄧㄤˋ士ㄕˋ並ㄅㄧㄥˋ不ㄅㄨˋ團ㄊㄨㄢˊ結ㄐㄧㄝˊ，甚ㄕㄣˋ至ㄓˋ關ㄍㄨㄢ係ㄒㄧˋ有ㄧㄡˇ些ㄒㄧㄝ緊ㄐㄧㄣˇ張ㄓㄤ。

郤ㄒㄧˋ至ㄓˋ喬ㄑㄧㄠˊ裝ㄓㄨㄤ打ㄉㄚˇ扮ㄅㄢˋ，悄ㄑㄧㄠˇ悄ㄑㄧㄠˇ接ㄐㄧㄝ近ㄐㄧㄣˋ鄭ㄓㄥˋ營ㄧㄥˊ，看ㄎㄢˋ看ㄎㄢˋ有ㄧㄡˇ什ㄕㄣˊ麼ㄇㄜ˙新ㄒㄧㄣ發ㄈㄚ現ㄒㄧㄢˋ。他ㄊㄚ發ㄈㄚ現ㄒㄧㄢˋ鄭ㄓㄥˋ軍ㄐㄩㄣ的ㄉㄜ˙列ㄌㄧㄝˋ隊ㄉㄨㄟˋ非ㄈㄟ常ㄔㄤˊ混ㄏㄨㄣˋ亂ㄌㄨㄢˋ，士ㄕˋ兵ㄅㄧㄥ們ㄇㄣ˙整ㄓㄥˇ天ㄊㄧㄢ閒ㄒㄧㄢˊ聊ㄌㄧㄠˊ，軍ㄐㄩㄣ營ㄧㄥˊ裡ㄌㄧˇ鬧ㄋㄠˋ哄ㄏㄨㄥ哄ㄏㄨㄥ的ㄉㄜ˙，好ㄏㄠˇ像ㄒㄧㄤˋ菜ㄘㄞˋ市ㄕˋ場ㄔㄤˇ。

郤ㄒㄧˋ至ㄓˋ返ㄈㄢˇ回ㄏㄨㄟˊ晉ㄐㄧㄣˋ營ㄧㄥˊ，將ㄐㄧㄤ鄭ㄓㄥˋ楚ㄔㄨˇ兩ㄌㄧㄤˇ軍ㄐㄩㄣ的ㄉㄜ˙情ㄑㄧㄥˊ況ㄎㄨㄤˋ向ㄒㄧㄤˋ晉ㄐㄧㄣˋ屬ㄕㄨˇ公ㄍㄨㄥ做ㄗㄨㄛˋ了ㄌㄜ˙詳ㄒㄧㄤˊ細ㄒㄧˋ匯ㄏㄨㄟˋ報ㄅㄠˋ，並ㄅㄧㄥˋ提ㄊㄧˊ議ㄧˋ立ㄌㄧˋ即ㄐㄧˊ攻ㄍㄨㄥ打ㄉㄚˇ敵ㄉㄧˊ軍ㄐㄩㄣ。

先打四周的弱兵，然後包圍中間的強兵。

同意。

　　將士中有一個叫苗賁皇的人，原籍楚國，因避禍逃到了晉國。苗賁皇知道，楚國習慣把精銳部隊放到中間，便提議晉軍先攻打楚軍兩翼，然後夾擊楚軍精銳。晉厲公同意了。

什麼聲音這麼吵？

嗯？晉軍不等盟友了？

大家別睡了，晉軍打來啦！

　　開戰前，晉厲公算了一卦，得到大吉的卦象，便親自帶兵出征了。楚共王見晉軍正在攻打左右兩翼部隊，下令將士們奮力迎戰。

哈哈，我要抓住你！

怎麼這時候出問題了呢？

　　真是人算不如天算！晉厲公本來駕著戰車打得好好的，誰知打著打著，戰車竟陷入泥淖裡，寸步難行。見此情景，楚軍加快了進攻的步伐。

102

見楚軍來勢洶洶，中了楚共王的左眼。

晉將魏錡搭弓射箭，一箭射疼痛難忍的楚共王只得轉身逃走。

楚軍見晉軍如此勇猛，誤以為齊、魯等國盟軍已經來了，並不想著怎麼打贏，而是想著如何保命。沒過多久，楚共王滿臉是血地回來了，楚軍更加人心惶惶。

逃到營地的楚共王本想召開緊急軍事會議，商量退敵的方法，可右軍主帥公子側因為醉酒根本叫不醒。楚共王失望透頂，無心戀戰，直接退兵了。

很快地，鄭軍也被打得倉皇而逃。晉軍大獲全勝，住進楚軍的營地，吃著楚軍的軍糧，狂歡了三天三夜。這場戰役史稱「鄢陵之戰」。

讀故事‧學兵法

在這個故事中，晉國和楚國的表現截然相反。楚國雖然兵多，但治軍混亂，輕敵自負，最終敗北；晉國作戰謹慎，掌握敵情，周密計畫，最終以少勝多。這個故事告訴我們，做任何事情都要精心準備，端正態度，才能取得成功。

孫子說

兵非益多也，惟無武進，足以併力、料敵、取人而已。夫惟無慮而易敵者，必擒於人。

打仗並非人越多越好，只要不輕視敵人、不貿然進攻，並能集中兵力、了解敵情、獲得支持就足以戰勝敵人。既無深謀遠慮，又輕敵自負的人，必定會被俘虜。

下卷

一意孤行，害死親弟弟

西晉末年，爆發大動亂。西晉琅邪王司馬睿在南方建立了東晉政權。少數民族氐族統一北方，建立前秦政權。野心勃勃的大秦天王（前秦王）苻堅想要吞併東晉，他能成功嗎？

苻堅當上前秦王後，重用王猛，一統北方。王猛曾多次阻止苻堅南攻東晉，直到他死後的第八年，苻堅認為時機成熟，與大臣們商量辦法。

苻堅的弟弟苻融持反對態度。對此，他列出三個理由：一是北方正值蝗災，影響收成，可能導致飢荒；二是東晉君臣團結，發展平穩；三是士兵們連年征戰，都很疲憊。

106

無論大臣們如何勸說，苻堅心意已決，堅持伐晉。苻堅派弟弟苻融領兵出征，苻融含淚與哥哥道別。

苻融率二十萬先鋒部隊浩浩蕩蕩向南前進，苻堅親率六十餘萬步兵和二十萬騎兵緊隨。東晉得到消息後，朝廷亂成一團。皇帝司馬曜很快就淡定下來，因為他想到了「祕密武器」——隱居的謝安。

此時的謝安正隱居在東山。他本來才華橫溢，屢立大功，卻因同僚排擠、遭到皇帝猜忌而遠離朝堂。司馬曜派使臣帶著相印請謝安出山，謝安東山再起，為國出征。

　　前ξ秦ξ百ξ萬ξ大ξ軍ξ壓ξ境ξ，　東ξ晉ξ朝ξ廷ξ上ξ下ξ一ξ片ξ驚ξ慌ξ。
為ξ了ξ安ξ定ξ軍ξ心ξ，　謝ξ安ξ特ξ意ξ派ξ自ξ己ξ的ξ弟ξ弟ξ謝ξ石ξ和ξ侄ξ
子ξ謝ξ玄ξ擔ξ任ξ先ξ鋒ξ。　謝ξ玄ξ來ξ找ξ謝ξ安ξ問ξ計ξ，　謝ξ安ξ神ξ色ξ
平ξ靜ξ地ξ說ξ朝ξ廷ξ已ξ經ξ做ξ好ξ了ξ部ξ署ξ，　便ξ不ξ再ξ多ξ說ξ，　跟ξ
朋ξ友ξ下ξ起ξ棋ξ來ξ。　大ξ家ξ見ξ謝ξ安ξ成ξ竹ξ在ξ胸ξ，　也ξ都ξ冷ξ靜ξ
了ξ下ξ來ξ。

　　按ξ照ξ謝ξ安ξ的ξ安ξ排ξ，　晉ξ軍ξ投ξ入ξ作ξ戰ξ的ξ兵ξ力ξ很ξ少ξ。
前ξ秦ξ軍ξ屢ξ屢ξ獲ξ勝ξ，　苻ξ融ξ認ξ為ξ東ξ晉ξ並ξ不ξ想ξ抵ξ抗ξ。　於ξ
是ξ，　他ξ寫ξ信ξ向ξ苻ξ堅ξ匯ξ報ξ戰ξ況ξ，　同ξ時ξ派ξ東ξ晉ξ的ξ降ξ將ξ
朱ξ序ξ勸ξ降ξ謝ξ安ξ。

　　朱序在一次戰敗中被前秦抓獲，雖已投降，但仍心繫東晉。朱序到了晉營中，不但沒有勸降官兵，還把前秦軍的布防全部和盤托出，以此戴罪立功。

　　晉軍從朱序那裡得到消息，前秦軍隊雖然人數眾多，但還在陸續進軍中。如果集中兵力攻打先鋒部隊，挫其銳氣，有可能獲勝。晉軍立刻改變了布防策略，並從消極防守變為積極應戰。晉軍偷偷來到洛水，夜襲秦營，打了前秦軍一個措手不及。

前秦軍與晉軍打得十分激烈，從洛水一路戰到淝水。前秦兵緊靠著淝水列陣，晉軍無法渡河。謝玄派使者說服符融，讓他們往後退，待晉軍渡河後再決一勝負。

符堅和符融也不傻，他們的如意算盤是等晉軍渡河到一半時，派鐵騎部隊殺死他們。於是，前秦兵開始後退。謝玄等將領率軍渡河。符融騎馬奔馳，想阻擋晉軍，卻被勇猛的晉軍殺死。見將軍已死，前秦軍開始潰敗，慌亂退守間甚至互相踩踏。

　　謝玄帶領士兵乘勝追擊，一直追到青岡。一路上，躺滿了前秦士兵的屍體。原野兩邊的草木茂盛，陣陣風聲和鶴的叫聲傳來，逃兵們更加害怕了。突然，朱序大喊：「秦軍敗了。」前秦士兵們狂奔逃命。

　　逃跑的途中，前秦王符堅餓得快暈倒了，便向當地的百姓討口飯吃。符堅吃完，賞賜百姓棉、帛等，被百姓推辭了。

111

　　晉軍大獲全勝，以少勝多打贏了前秦的百萬大軍，史稱「淝水之戰」。東晉朝野上下都對謝安豎起了大拇指。而逃走的苻堅一邊痛苦地悼念亡弟，一邊後悔不該不聽弟弟的話。

　　苻堅好大喜功，缺乏客觀冷靜的分析，戰前沒有周密的戰略部署，戰時又犯了一系列戰術指揮上的失誤，倚仗自己的百萬士兵，便得出能獲勝的結論，其失敗在所難免。

孫子說

**　　故知兵者，動而不迷，舉而不窮。故曰：知彼知己，勝乃不殆；知天知地，勝乃可全。**

　　真正懂得兵法的人，不會在行動時被敵人迷惑，不會在作戰時束手無策。所以說，只有熟知敵人，了解自己，明白天時地利，才能在戰爭中立於不敗之地。

因地制宜得生機

明末清初，不少不願投降清朝的明朝將領，依然奮力抵抗清軍，鄭成功便是其中一個。他不僅打擊了清軍，還建立了台灣政權，成為青史留名的民族英雄。他是如何做到的呢？

鄭成功在廣東和福建沿海一帶建立根據地，採用伏擊戰攻下漳州。清廷立即調派了上萬名八旗兵，計畫徹底剿滅鄭成功的軍團。

清軍趕來，鄭成功於漳州龍溪與之展開激戰不敵，最後決定撤離漳州。但清軍窮追不捨，一直將鄭成功等人逼退到福建海澄。

前方是一望無際的大海，後方是窮追不捨的敵兵，怎麼辦呢？鄭成功咬緊牙關，握緊拳頭，向士兵們下令───決一死戰。鄭成功部署士兵們建造防禦工事，抵擋清軍的進攻。

清軍追擊而來，並沒有貿然出兵，看到臨時修建起的戰鬥堡壘，而是炮轟鄭成功的軍隊。

轉眼間，清軍的炮彈快要用光了。清軍的步兵快速向鄭成功的軍團衝去。

鄭成功在地形圖標記清軍可能的進攻地點，安排士兵埋下地雷。

士兵們假意不敵清軍，將他們引入埋伏。清軍被炸得粉身碎骨。鄭成功與眾將士置之死地而後生，取得了海澄之戰的勝利。損失慘重的清廷決定招安鄭成功，封其為「海澄公」，卻被鄭成功拒絕了。

經此一役，鄭成功名聲大噪，一些反清勢力紛紛投靠他。儘管他最終沒有推翻清朝，卻戰勝了荷蘭，成為名留青史的英雄。

讀故事 · 學兵法

鄭成功被圍困海澄時，處於「死地」，如果不奮力一搏，必將全軍覆滅。生活中我們也時而面臨絕境，只要全力以赴，奮力一搏，最終還是有希望破除困境的。

孫子說

是故散地則無戰，輕地則無止，爭地則無攻，交地則無絕，衢地則合交，重地則掠，圮地則行，圍地則謀，死地則戰。

因此，在本國境內作戰區，就不宜和敵人交戰；在敵國淺近縱深作戰區，就不要停留；在我方得到有利，敵方得到也有好處的地區，若敵方已占，就不要強攻敵人；在我軍可以前往，敵軍也可以抵達的地區，就不要和自己的其他部隊斷絕聯絡；在與多國相比鄰，先到就可以獲得列國援助的地區，就應該多多結交諸侯列國；在深入敵國腹地，背靠敵人眾多城邑的地區，就要掠取敵方戰略物資；在山林、險阻、沼澤等難以通行的地區，就要快速通過；在行軍的道路狹窄，退兵的道路迂迴遙遠，敵人可以用少量兵力攻擊我方眾多兵力的地區，就要設法脫離險境；在速戰就能生存，不速戰就會全軍覆滅的地區，就要全力奮戰求生。

火攻篇 火攻不是隨便用的

　　如果要評選出「史上最亂朝代」，南北朝必摘得桂冠。那時候，皇族兄弟相殘、君臣對打如家常便飯。現在就說個南朝梁武帝晚年的故事——「侯景之亂」，一同感受一下那個年代的亂象。

　　年ㄋㄧㄢˊ輕ㄑㄧㄥ時ㄕˊ梁ㄌㄧㄤˊ武ㄨˇ帝ㄉㄧˋ蕭ㄒㄧㄠ衍ㄧㄢˇ勵ㄌㄧˋ精ㄐㄧㄥ圖ㄊㄨˊ治ㄓˋ，抱ㄅㄠˋ負ㄈㄨˋ遠ㄩㄢˇ大ㄉㄚˋ，南ㄋㄢˊ朝ㄔㄠˊ梁ㄌㄧㄤˊ發ㄈㄚ展ㄓㄢˇ得ㄉㄜˊ還ㄏㄞˊ算ㄙㄨㄢˋ不ㄅㄨˊ錯ㄘㄨㄛˋ。誰ㄕㄟˊ知ㄓ他ㄊㄚ晚ㄨㄢˇ年ㄋㄧㄢˊ時ㄕˊ癡ㄔ迷ㄇㄧˊ佛ㄈㄛˊ法ㄈㄚˇ，國ㄍㄨㄛˊ家ㄐㄧㄚ政ㄓㄥˋ治ㄓˋ混ㄏㄨㄣˋ亂ㄌㄨㄢˋ。

　　居ㄐㄩ心ㄒㄧㄣ叵ㄆㄛˇ測ㄘㄜˋ的ㄉㄜ˙侯ㄏㄡˊ景ㄐㄧㄥˇ與ㄩˇ梁ㄌㄧㄤˊ武ㄨˇ帝ㄉㄧˋ的ㄉㄜ˙養ㄧㄤˇ子ㄗˇ蕭ㄒㄧㄠ正ㄓㄥˋ德ㄉㄜˊ，裡ㄌㄧˇ應ㄧㄥˋ外ㄨㄞˋ合ㄏㄜˊ直ㄓˊ抵ㄉㄧˇ台ㄊㄞˊ城ㄔㄥˊ。進ㄐㄧㄣˋ入ㄖㄨˋ建ㄐㄧㄢˋ康ㄎㄤ後ㄏㄡˋ，侯ㄏㄡˊ景ㄐㄧㄥˇ殺ㄕㄚ了ㄌㄜ˙蕭ㄒㄧㄠ正ㄓㄥˋ德ㄉㄜˊ，軟ㄖㄨㄢˇ禁ㄐㄧㄣˋ了ㄌㄜ˙梁ㄌㄧㄤˊ武ㄨˇ帝ㄉㄧˋ。梁ㄌㄧㄤˊ武ㄨˇ帝ㄉㄧˋ死ㄙˇ後ㄏㄡˋ，侯ㄏㄡˊ景ㄐㄧㄥˇ立ㄌㄧˋ蕭ㄒㄧㄠ綱ㄍㄤ為ㄨㄟˊ帝ㄉㄧˋ，兩ㄌㄧㄤˇ年ㄋㄧㄢˊ後ㄏㄡˋ又ㄧㄡˋ廢ㄈㄟˋ蕭ㄒㄧㄠ綱ㄍㄤ（後ㄏㄡˋ將ㄐㄧㄤ其ㄑㄧˊ殺ㄕㄚ害ㄏㄞˋ），立ㄌㄧˋ蕭ㄒㄧㄠ棟ㄉㄨㄥˋ為ㄨㄟˊ帝ㄉㄧˋ。之ㄓ後ㄏㄡˋ強ㄑㄧㄤˊ迫ㄆㄛˋ蕭ㄒㄧㄠ棟ㄉㄨㄥˋ禪ㄕㄢˋ位ㄨㄟˋ，自ㄗˋ己ㄐㄧˇ登ㄉㄥ上ㄕㄤˋ了ㄌㄜ˙皇ㄏㄨㄤˊ帝ㄉㄧˋ寶ㄅㄠˇ座ㄗㄨㄛˋ。

南朝諸侯見侯景如此猖狂，紛紛起兵反抗，梁武帝之子蕭繹也在反抗之列。蕭繹首戰失敗，便派出王僧辯進軍巴陵，討伐侯景。

王僧辯到達巴陵城，讓士兵晝夜加固堡壘。侯景派出一萬精兵作為先鋒，但是卻久攻不下。隨後，侯景軍中爆發疫疾，士兵死傷大半。再加上糧草不足，侯景焦急萬分。

侯景緊急調來水兵，攻打巴陵城。洞庭湖上戰船林立，侯景下令用樓船猛攻巴陵城。守軍萬箭齊發，英勇抵抗，侯景仍無法得手。這時，氣急敗壞的侯景想到了一個必殺絕招———火攻。火攻可以燒毀敵人的糧草、車馬、武器等物資，甚至燒死敵人。

侯景一聲令下，士兵們立即準備火攻。他們在船上堆滿了易燃的茅草，點燃後將船推向巴陵城外的木柵欄。

誰知道，剛才還風和日麗的天空，突然間烏雲密布，風向改變，數十艘著火的船好像數十條火龍，氣勢洶洶地撲向侯景的戰船。

侯軍慌忙開船避退，你擠我撞亂成一團。火船順風點燃多艘大船，侯軍紛紛棄船跳河，倉皇逃命。王僧辯命令將士們追擊，侯景引火燒身，連夜逃跑了。

讀故事·學兵法

水火無情，人們將它們凶險的一面用於戰爭，殺傷敵人，取得勝利。但如何駕馭它們為我所用，就是兵家要認真研究和把握的。現實生活中，對待水火我們應心存敬畏，不可濫用。

孫子說

行火必有因，煙火必素具。發火有時，起火有日。時者，天之燥也；日者，月在箕、壁、翼、軫也，凡此四宿者，風起之日也。

實施火攻戰略需要具備一定的條件，平日要準備好點火和引火的裝置。發起火攻要看準天氣，選擇有利的日子。有利於火攻的天時指的是天氣乾燥；有利於火攻的日子指的是月亮運行經過箕、壁、翼、軫四星位置的時候，凡是月亮運行到這四星的位置時，就是起風的日子。

古代諜對諜

夏朝最後一個帝王夏桀的暴虐統治引發百姓不滿，不少百姓逃到商地。管理商地的諸侯成湯十分賢明，他廣納人才，逐漸壯大……

> 伊尹是奴隸，不配跟我們站在一起！

> 只要有治國之才，就該被重用和尊敬！

> 大王，我們滅夏吧！

　　成湯有一位身分特殊的謀士，叫「伊尹」。伊尹是奴隸出身，但成湯並不介意，依然重用他。伊尹建議成湯推翻腐敗的夏朝。

> 大王，伊尹叛逃啦！

> 把箭給我！

　　伊尹決定身先士卒，親自去夏都打探消息。於是，伊尹與成湯演了一齣戲。一天，伊尹故意私逃出城。成湯得知伊尹叛逃，故作生氣的樣子向伊尹射箭，造成與伊尹決裂的假象。

121

伊-尹ㄣ來ㄌ到ㄉ夏ㄒ都ㄉ，憑ㄆ藉ㄐ出ㄔ眾ㄓ的ㄜ能ㄋ力ㄌ做ㄗ了ㄌ官ㄍ。夏ㄒ桀ㄐ十ㄕ分ㄈ寵ㄔ愛ㄞ妃ㄈ子ㄗ妹ㄇ喜ㄒ，與ㄩ妹ㄇ喜ㄒ整ㄓ日ㄖ尋ㄒ歡ㄏ作ㄗ樂ㄌ，不ㄅ理ㄌ朝ㄔ政ㄓ。

大ㄉ臣ㄔ關ㄍ龍ㄌ逢ㄈ進ㄐ宮ㄍ勸ㄑ諫ㄐ，反ㄈ而ㄦ被ㄅ惱ㄋ羞ㄒ成ㄔ怒ㄋ的ㄜ夏ㄒ桀ㄐ處ㄔ死ㄙ了ㄌ。

夏ㄒ桀ㄐ下ㄒ令ㄌ進ㄐ攻ㄍ岷ㄇ山ㄕ國ㄍ，岷ㄇ山ㄕ國ㄍ國ㄍ王ㄨ得ㄉ知ㄓ夏ㄒ桀ㄐ喜ㄒ好ㄏ美ㄇ色ㄙ後ㄏ，向ㄒ夏ㄒ桀ㄐ進ㄐ獻ㄒ了ㄌ兩ㄌ位ㄨ大ㄉ美ㄇ女ㄋ。一ㄧ看ㄎ到ㄉ美ㄇ女ㄋ，夏ㄒ桀ㄐ立ㄌ刻ㄎ撤ㄔ兵ㄅ。有ㄧ了ㄌ「新ㄒ人ㄖ」，「舊ㄐ人ㄖ」妹ㄇ喜ㄒ就ㄐ被ㄅ夏ㄒ桀ㄐ冷ㄌ落ㄌ了ㄌ。

　　趁ㄔㄣˊ此ㄘˇ機ㄐㄧ會ㄏㄨㄟˋ，伊ㄧ尹ㄧㄣˇ向ㄒㄧㄤˋ妹ㄇㄟˋ喜ㄒㄧˇ示ㄕˋ好ㄏㄠˇ。妹ㄇㄟˋ喜ㄒㄧˇ毫ㄏㄠˊ無ㄨˊ保ㄅㄠˇ留ㄌㄧㄡˊ地ㄉㄧˋ將ㄐㄧㄤ關ㄍㄨㄢ於ㄩˊ夏ㄒㄧㄚˋ桀ㄐㄧㄝˊ的ㄉㄜ˙事ㄕˋ情ㄑㄧㄥˊ告ㄍㄠˋ訴ㄙㄨˋ伊ㄧ尹ㄧㄣˇ，還ㄏㄞˊ答ㄉㄚˊ應ㄧㄥˋ刺ㄘˋ探ㄊㄢˋ情ㄑㄧㄥˊ報ㄅㄠˋ。三ㄙㄢ年ㄋㄧㄢˊ後ㄏㄡˋ，伊ㄧ尹ㄧㄣˇ對ㄉㄨㄟˋ夏ㄒㄧㄚˋ朝ㄔㄠˊ的ㄉㄜ˙全ㄑㄩㄢˊ部ㄅㄨˋ祕ㄇㄧˋ密ㄇㄧˋ瞭ㄌㄧㄠˇ若ㄖㄨㄛˋ指ㄓˇ掌ㄓㄤˇ，辭ㄘˊ官ㄍㄨㄢ回ㄏㄨㄟˊ到ㄉㄠˋ成ㄔㄥˊ湯ㄊㄤ身ㄕㄣ邊ㄅㄧㄢ。

　　伊ㄧ尹ㄧㄣˇ告ㄍㄠˋ訴ㄙㄨˋ成ㄔㄥˊ湯ㄊㄤ，夏ㄒㄧㄚˋ桀ㄐㄧㄝˊ的ㄉㄜ˙王ㄨㄤˊ宮ㄍㄨㄥ中ㄓㄨㄥ每ㄇㄟˇ年ㄋㄧㄢˊ都ㄉㄡ需ㄒㄩ要ㄧㄠˋ大ㄉㄚˋ量ㄌㄧㄤˋ布ㄅㄨˋ匹ㄆㄧˇ。於ㄩˊ是ㄕˋ，商ㄕㄤ地ㄉㄧˋ的ㄉㄜ˙女ㄋㄩˇ子ㄗˇ編ㄅㄧㄢ織ㄓ華ㄏㄨㄚˊ麗ㄌㄧˋ的ㄉㄜ˙布ㄅㄨˋ匹ㄆㄧˇ，賣ㄇㄞˋ給ㄍㄟˇ夏ㄒㄧㄚˋ桀ㄐㄧㄝˊ。成ㄔㄥˊ湯ㄊㄤ賺ㄓㄨㄢˋ得ㄉㄜˊ盆ㄆㄣˊ滿ㄇㄢˇ缽ㄅㄛ滿ㄇㄢˇ，而ㄦˊ夏ㄒㄧㄚˋ桀ㄐㄧㄝˊ國ㄍㄨㄛˊ庫ㄎㄨˋ中ㄓㄨㄥ的ㄉㄜ˙錢ㄑㄧㄢˊ越ㄩㄝˋ來ㄌㄞˊ越ㄩㄝˋ少ㄕㄠˇ。

　　成ㄔㄥˊ湯ㄊㄤ留ㄌㄧㄡˊ足ㄗㄨˊ軍ㄐㄩㄣ費ㄈㄟˋ，把ㄅㄚˇ多ㄉㄨㄛ餘ㄩˊ的ㄉㄜ˙錢ㄑㄧㄢˊ財ㄘㄞˊ送ㄙㄨㄥˋ給ㄍㄟˇ有ㄧㄡˇ困ㄎㄨㄣˋ難ㄋㄢˊ的ㄉㄜ˙百ㄅㄞˇ姓ㄒㄧㄥˋ。他ㄊㄚ還ㄏㄞˊ幫ㄅㄤ助ㄓㄨˋ諸ㄓㄨ侯ㄏㄡˊ征ㄓㄥ戰ㄓㄢˋ，擁ㄩㄥˇ護ㄏㄨˋ他ㄊㄚ的ㄉㄜ˙人ㄖㄣˊ越ㄩㄝˋ來ㄌㄞˊ越ㄩㄝˋ多ㄉㄨㄛ。夏ㄒㄧㄚˋ桀ㄐㄧㄝˊ感ㄍㄢˇ到ㄉㄠˋ了ㄌㄜ˙一ㄧ絲ㄙ危ㄨㄟˊ機ㄐㄧ，就ㄐㄧㄡˋ設ㄕㄜˋ計ㄐㄧˋ將ㄐㄧㄤ他ㄊㄚ囚ㄑㄧㄡˊ禁ㄐㄧㄣˋ起ㄑㄧˇ來ㄌㄞˊ。

伊-尹ㄣ向ㄒㄧㄤ夏ㄒㄧㄚ桀ㄐㄧㄝ進ㄐㄧㄣ獻ㄒㄧㄢ了ㄌㄜ大ㄉㄚ量ㄌㄧㄤ的ㄉㄜ金ㄐㄧㄣ銀ㄧㄣ珠ㄓㄨ寶ㄅㄠ和ㄏㄜ數ㄕㄨ十ㄕ位ㄨㄟ美ㄇㄟ女ㄋㄩ，又ㄧㄡ讓ㄖㄤ妹ㄇㄟ喜ㄒㄧ說ㄕㄨㄛ了ㄌㄜ無ㄨ數ㄕㄨ好ㄏㄠ話ㄏㄨㄚ，才ㄘㄞ救ㄐㄧㄡ出ㄔㄨ成ㄔㄥ湯ㄊㄤ。成ㄔㄥ湯ㄊㄤ回ㄏㄨㄟ到ㄉㄠ商ㄕㄤ地ㄉㄧ，開ㄎㄞ始ㄕ籌ㄔㄡ備ㄅㄟ滅ㄇㄧㄝ夏ㄒㄧㄚ事ㄕ宜ㄧ，最ㄗㄨㄟ終ㄓㄨㄥ推ㄊㄨㄟ翻ㄈㄢ夏ㄒㄧㄚ桀ㄐㄧㄝ的ㄉㄜ統ㄊㄨㄥ治ㄓ，建ㄐㄧㄢ立ㄌㄧ了ㄌㄜ商ㄕㄤ朝ㄔㄠ。夏ㄒㄧㄚ桀ㄐㄧㄝ做ㄗㄨㄛ夢ㄇㄥ也ㄧㄝ想ㄒㄧㄤ不ㄅㄨ到ㄉㄠ，曾ㄘㄥ經ㄐㄧㄥ的ㄉㄜ愛ㄞ妃ㄈㄟ妹ㄇㄟ喜ㄒㄧ居ㄐㄩ然ㄖㄢ是ㄕ成ㄔㄥ湯ㄊㄤ的ㄉㄜ間ㄐㄧㄢ諜ㄉㄧㄝ。

讀故事·學兵法

知己知彼方能百戰百勝。要想獲得敵人的準確信息，情報人員功不可沒。成湯滅夏，靠的就是伊尹出色的諜報工作。

孫子說

　　昔殷之興也，伊摯在夏……故明君賢將，能以上智為間者，必成大功。此兵之要，三軍之所恃而動也。

　　商朝之所以興起，全因伊尹在夏都掌握的情報……所以，賢明的君主和賢能的將領，如果能任用具有智慧的人做間諜，必會大獲成功。這是用兵的關鍵，整個軍隊都要依靠間諜提供的情報來部署軍事行動。

國家圖書館出版品預行編目 (CIP) 資料

不再死背，趣讀孫子兵法 / 劉鶴著 . -- 初版 . -- 台北市 : 晴好出版事業
有限公司出版 ; 新北市 : 遠足文化事業股份有限公司發行 , 2023.09
128 面 ; 17×23 公分
ISBN 978-626-97357-3-0（平裝）
1.CST: 兵法　2.CST: 謀略　3.CST: 漫畫
592.092　　　　　　　　　　　　　　　　　　　　112006408

Y003

不再死背，趣讀孫子兵法【看漫畫學經典】

作　　　者｜劉鶴
插　　　畫｜麥芽文化
封 面 設 計｜FE 設計
內 頁 排 版｜簡單瑛設
責 任 編 輯｜鍾宜君
特 約 編 輯｜蔡緯蓉
印 務 部｜江域平、黃禮賢、李孟儒

出　　　版｜晴好出版事業有限公司
總 編 輯｜黃文慧
副 總 編 輯｜鍾宜君
行 銷 企 畫｜胡雯琳
地　　　址｜104027 台北市中山區中山北路三段 36 巷 10 號 4 樓
網　　　址｜https://www.facebook.com/QinghaoBook
電 子 信 箱｜Qinghaobook@gmail.com
電　　　話｜（02）2516-6892　　　　傳　　　真｜（02）2516-6891

發　　　行｜遠足文化事業股份有限公司（讀書共和國出版集團）
地　　　址｜231023 新北市新店區民權路 108-2 號 9 樓
電　　　話｜（02）2218-1417　　　　傳　　　真｜（02）2218-1142
電 子 信 箱｜service@bookrep.com.tw
郵 政 帳 號｜19504465（戶名：遠足文化事業股份有限公司）
客 服 電 話｜0800-221-029　　　　團 體 訂 購｜02-22181717 分機 1124
網　　　址｜www.bookrep.com.tw
法 律 顧 問｜華洋法律事務所／蘇文生律師
印　　　製｜凱林彩印股份有限公司
初 版 7 刷｜2024 年 5 月
定　　　價｜350 元
I S B N｜9786269735730
E I S B N｜9786269759019（PDF）
　　　　　｜9786269759026（EPUB）